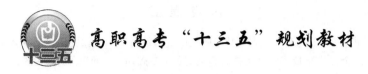

高职高专"十三五"规划教材

矿 山 测 量

主　编　王红亮　蔡　颖
副主编　万瑞义　王春艳　赵传章　王旭阳

U0326234

北　京
冶金工业出版社
2022

内 容 提 要

本书是为了适应矿山测量新技术的发展、满足高等职业教育人才培养新需要而编写的。全书共分 12 章，主要内容包括测量学基础知识、角度测量、距离测量、高程测量、现代测量仪器、地形图测绘、矿井联系测量、井下控制测量、立井施工测量、巷道及回采工作面测量、贯通测量、露天矿测量等。

本书内容全面，资料翔实，贴近矿山测量技术前沿，力求通俗易懂，理论联系实际。

本书可作为高职高专采矿工程、矿山安全工程、地质工程及相关专业教材（配有教学课件），也可供从事矿山、公路、铁路、水电、地下工程各相关专业的技术人员参考。

图书在版编目（CIP）数据

矿山测量/王红亮，蔡颖主编 . —北京：冶金工业出版社，2017. 1
（2022. 6 重印）
高职高专"十三五"规划教材
ISBN 978-7-5024-7407-2

Ⅰ. ①矿⋯　Ⅱ. ①王⋯　②蔡⋯　Ⅲ. ①矿山测量—高等职业教育—教材　Ⅳ. ①TD17

中国版本图书馆 CIP 数据核字（2016）第 321737 号

矿山测量

出版发行	冶金工业出版社		电　话	（010）64027926
地　址	北京市东城区嵩祝院北巷 39 号		邮　编	100009
网　址	www. mip1953. com		电子信箱	service@ mip1953. com

责任编辑　俞跃春　杜婷婷　美术编辑　彭子赫　版式设计　葛新霞
责任校对　石　静　责任印制　禹　蕊
三河市双峰印刷装订有限公司印刷
2017 年 1 月第 1 版，2022 年 6 月第 4 次印刷
787mm×1092mm　1/16；13.25 印张；320 千字；201 页
定价 37.00 元

投稿电话　（010）64027932　投稿信箱　tougao@cnmip. com. cn
营销中心电话　（010）64044283
冶金工业出版社天猫旗舰店　yjgycbs. tmall. com
（本书如有印装质量问题，本社营销中心负责退换）

前　言

随着测绘技术的发展进步，矿山测量从使用的测量仪器到测量的方法也随之发生了日新月异的变化，为了适应这种变化。编者在总结多年教学经验，并在广泛征求同行专家意见以及深入厂矿收集资料的基础上编写了本书。本书既全面地介绍了测量学的本质和基本内容，又反映了新的测绘技术在矿山企业的应用。

本书以基础理论和基本概念为重点，以基本技术和方法为主要内容，力求理论与实践相结合，既反映学科的最新发展，又兼顾生产实际的需要。用现代测绘新技术逐步更新传统技术，由浅入深，循序渐进。全书内容主要分为四部分：测量学的基本知识；地形图的测绘和识读；建井时期和矿山生产时期的测量工作；露天开采测量。

参加本书编写的有：吉林电子信息职业技术学院王红亮、陈国山、王旭阳、包丽明、陈西林，东北电力大学蔡颖、万瑞义，吉林地理信息院赵传章，辽宁工程技术大学王春艳。其中，蔡颖编写第1、2章，王春艳编写第3、4章，万瑞义编写第5章，赵传章编写第6章，王红亮编写第7、8章，陈国山编写第9章，陈西林编写第10章，包丽明编写第11章，王旭阳编写第12章。全书由王红亮、蔡颖担任主编，万瑞义、王春艳、赵传章、王旭阳担任副主编。

在本书的编写过程中，参阅了相关文献和同类书刊的部分资料，在此，谨向其作者表示衷心的感谢！

本书配套教学课件读者可从冶金工业出版社官网（http：//www.cnmip.com.cn）教学服务栏目中下载。

由于编者水平所限，书中不妥之处，敬请读者批评指正。

编者
2016 年 7 月

目　录

1　测量学的基础知识

1.1　概　　述

测量学是研究地球的形状和大小以及确定地球表面（包括空中、地表、地下和海洋）物体的空间位置，以及对于这些位置信息进行处理、储存、管理的科学。其主要任务和内容是测定和测设。测定是指使用测量仪器和工具，通过测量和计算，得到一系列测量数据，或把地球表面的地形缩绘成地形图，供经济建设、规划设计、科学研究和国防建设使用。测设是把图纸上规划设计好的建筑物、构筑物的位置在地面上标定出来，作为施工的依据。

测量学按其研究对象和应用范围的不同，产生了许多分支科学。

大地测量学是研究在广大地面上建立国家大地控制网，测定地球的形状、大小和研究地球重力场的理论、技术及方法的学科。由于人造地球卫星及遥感技术的发展，测量对象由地球表面扩展到空间，大地测量学又分为常规大地测量与卫星大地测量。

（1）普通测量学。普通测量学是研究地球表面较小区域内测绘工作的基本理论、技术、方法和应用的学科（可以不考虑地球曲率的影响），它是测量学的基础。

（2）摄影测量学。摄影测量学是利用摄影获得的相片来研究地表形状和大小的一门学科。

（3）工程测量学。工程测量学是研究工程勘察设计、施工和管理阶段所进行的各种测量工作的一门学科。

（4）地图制图学。地图制图学是研究地图（包括地形图）制作的理论、投影原理、工艺技术和应用等方面的学科。

（5）海洋测量学。海洋测量学是研究海洋和陆地水域所进行的测量和海图编制工作的理论和方法的一门学科。

矿山建设和生产时期的测量工作称为矿山测量，其是根据矿山开发的需要，集地形测量和矿山工程测量的有关内容为一体，因此属于工程测量学的范畴。它是以测量、计算和绘图为手段，研究处理矿藏开发过程中的各种空间几何问题，为矿山建设和安全生产提供图纸、资料，指导采矿生产中的各项工程正确进行。因此，矿山测量是矿山建设和生产中的一项重要的技术基础工作，矿山测量人员具有技术管理和施工生产的双重职能。

1.2　地面点位的确定

1.2.1　地球的形状和大小

测量学的实质就是确定地面点的空间位置。而确定地面点的空间位置，则与地球的形状和大小密切相关，因此，要首先了解地球形状与大小的基本概念。

地球表面呈现高低起伏，有高山、深谷、丘陵、平原、江河、湖泊和海洋等。其中最高的珠穆朗玛峰高出海水面达 8844.43m（2006 年 5 月所测），最低的马里亚纳海沟低于海水面 11022m。但是这样的起伏变化相对地球来说（地球半径为 6371km）还是很小的，可以忽略不计。此外，地球表面海洋面积约占 71%，陆地面积约占 29%。因此，人们把海水面所包围的地球形体看作地球的形状。

由于地球的自转运动，地球上任一点都受到离心力和地心引力的作用，这两个的合力称为重力。重力的作用线称为铅垂线，铅垂线是测量工作的基准线。

地球上自由静止的水面称为水准面，是一个与铅垂线正交的连续曲面，并且是一个重力场的等位面。与水平面相切的平面称为水平面。水面可高可低，因此符合上述特点的水准面有无数个，其中与平均海水面相吻合的并向大陆、岛屿内延伸而形成的闭合曲面，称为大地水准面。大地水准面包围的形体称为大地体。为了确定地面点的位置，必须有一个参照基准面，在实际测量工作中，把大地水准面作为测量工作的基准面。

由于地球内部物质分布不均匀，引起铅垂线方向不规则变化，所以大地水准面实际上是一个复杂的不规则的曲面，如图 1-1（a）所示，因而无法在其上进行测量数据处理。为了使用方便起见，人们就用一个与大地水准面非常接近又规则的参考椭球作为地球的参考形状和大小，如图 1-1（b）所示。参考椭球是一个椭圆绕其短轴旋转而成的形体，故参考椭球又称为旋转椭球，其表面称为参考椭球面，如图 1-2 所示，旋转椭球体由长半径 a（或短半径 b）和扁率 α 所决定。我国目前采用的旋转椭球体的元素值为：

$$长半径　　　a = 6378140\text{m}$$
$$短半径　　　b = 6356755\text{m}$$
$$扁　率　　　\alpha = (a - b)/a = 1/298.257$$

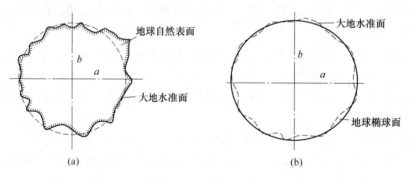

图 1-1　地球的形状

为确定大地水准面与参考椭球面的相对关系，可在适当的位置选择一点 P（见图 1-3），过 P 点的铅垂线与大地水准面交于点 P'，将椭球面设置成在 P' 点与大地水准面相切，此时椭球面的法线与大地水准面的垂线重合。再使椭球的短轴与地球的旋转轴平行。如果 P 点的位置选择得十分合适，椭球的大小也选择得很恰当，那么椭球面与大地水准面间的差距将会非常小。此项工作成为参考椭球定位，而 P 点则称为大地原点。应注意的是这个大地原点并不是坐标系的原点，而是参考椭球定位的原点。

我国选择陕西泾阳县永乐镇某点为大地原点，进行了大地定位。由此而建立起了全国

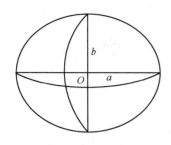

图1-2 参考椭球

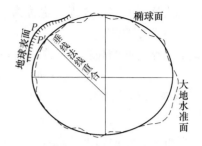

图1-3 参考椭球定位

统一坐标系,这就是现在使用的"1980年国家大地坐标系"。

由于椭球的扁率很小,当测区范围不大时,可近视地把地球椭球看作圆球,其半径为

$$R = (a + a + b)/3 = 6371 \text{km}$$

1.2.2 地面点位的参考系

测量工作的基本任务是确定地面点的位置,确定地面点的空间位置需用三个量来确定。在测量工作中,这三个量就是地面点在投影面上的坐标和该点到大地水准面的垂直距离,如图1-4和图1-5所示。

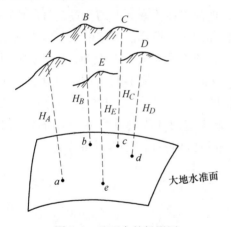

图1-4 地面点的投影图

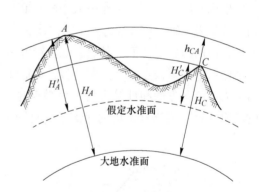

图1-5 地面点的高程

1.2.2.1 地面点的高程

地面点至高程基准面的高度,称为高程。地面点沿法线至参考椭球面得距离,称为大地高。大地高有正有负,从参考椭球面起量,向外为正,向内为负,可通过计算方法求得。

地面点到大地水准面的铅垂距离,称为该点的绝对高程,或称海拔,简称高程,用H表示。图1-5中的H_A和H_C即为A点和C点的绝对高程。我国的高程是以青岛验潮站记录的黄海平均海水面作为高程的起算面,并在青岛建立了国家水准原点。其高程为72.260m,称为1985年国家高程基准(1956年高程基准的水准原点的高程为72.289m)。当个别地区引用绝对高程有困难时,或者是为了设计和施工方便,可以假定任意一个水准面作为高程的起算面(指定某个固定点并假设其高程为零)。地面点到假定水准面的铅垂

距离，称为该点的假定高程（也称为相对高程），用 H' 表示。图 1-5 中的 H'_A 和 H'_C 即为 A 点和 C 点的假定高程。

地面两点之间的高程之差称为高差，用 h 表示。A、C 两点的高差为

$$h_{AC} = H_C - H_A = H'_C - H'_A$$

C、A 两点的高差为

$$h_{CA} = H_A - H_C = H'_A - H'_C$$

由此可见，地面两点的高差与高程起算面无关。

1.2.2.2　地面点的平面坐标

A　地理坐标

地理坐标是以整个球面作为投影面建立的球面坐标，也称为国际坐标。它是采用经度（L）和纬度（B）来表示其位置的。因其为球面坐标，所以要考虑曲率的影响。在测量中因应用不方便而常采用平面直角坐标系来表示地面点位，下面是常用的两种平面直角坐标系统。

B　独立平面直角坐标系

大地水准面虽是曲面，但当测量区域（如半径不大于 10km 的范围）较小时，可用测区中心点 a 的切平面来代替曲面，如图 1-6 所示，地面点在投影面上的位置就可以用平面直角坐标来确定。测量工作中采用的平面直角坐标如图 1-7 所示。规定南北方向为纵坐标轴，并记为 x 轴，x 轴向北为正，向南为负；以东西方向为横轴，并记为 y 轴，y 轴向东为正，向西为负。地面上某点 p 的位置可用 x_p 和 y_p 来表示（见图 1-7）。测量建立的平面直角坐标系中象限按顺时针方向编号，x 轴与 y 轴互换，这与数学上的规定是不同的。其目的是为了定向方便和计算方便，将数学中的公式直接应用到测量计算中，不需作任何变更。原点 O 一般选在测区的西南角（见图 1-6），使测区内各点坐标均为正值。

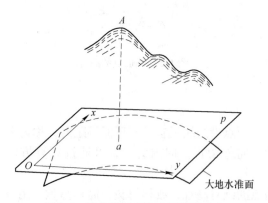

图 1-6　独立平面直角坐标系的建立

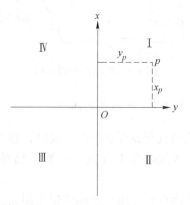

图 1-7　平面直角坐标系

C　高斯平面直角坐标系

球体的表面，无论是一个旋转椭球体面或圆球面，均为不可展开的曲面。如同篮球壳一样，将其切开展成平面，必然会产生褶皱和破裂。为了将地球表面的情况转换到平面上

来表示，必须应用地图投影的方法。我国测绘工作采用的是由德国数学家、物理学家和天文学家高斯创立的横轴正形投影，称为高斯投影。为了使这种投影变形误差控制到最小而不影响图纸精度，通常采用高斯投影分带法。

高斯投影的方法是将地球划分成若干投影带，然后将每个投影带投影到平面上，并在其上建立平面直角坐标系。如图 1-8 所示，投影带是从首子午线（通过英国格林尼治天文台的子午线）起，自西向东每经度差 6°划分为一带（称为六度带），带号从首子午线起自西向东依次用阿拉伯数字 1、2、3、…、60 表示。位于各带中央的子午线，称为该带的中央子午线。第一个六度带的中央子午线的经度为 3°，任意带的中央子午线经度 L_0，可按下式计算：

$$L_0 = 6N - 3 \tag{1-1}$$

式中　N——投影带的号数。

如图 1-9（a）所示，高斯投影是设想用一个平面卷成一个空心椭圆柱，把它横着套在地球椭球外面，使椭圆柱的中心轴线位于赤道内并且通过球心，使投影带内的中央子午线与椭圆柱面相切，在椭球面上的图形与椭圆柱面上的图形保持等角的条件下，将整个六度带投影到椭圆柱面上。然后将椭圆柱沿着通过南北极的母线切开并展成平面，便得到六度带在平面上的影像，如图 1-9（b）所示。中央子午线经投影展开后是一条直线，以此直线作为纵坐标轴，即 x 轴；赤道是一条与中央子午线相垂直的直线，将它作为横轴，即 y 轴；两直线的交点作为原点，则组成了高斯平面直角坐标系统。纬圈 AB 和 CD 投影在高斯平面直角坐标系统内仍为曲线（$A'B'$ 和 $C'D'$）。将投影后具有高斯平面直角坐标系的六度带一个个拼接起来，便得到图 1-10 所示的图形。

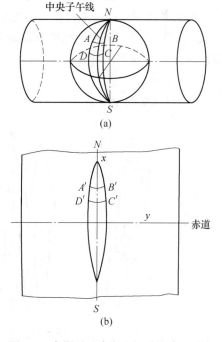

(a)

(b)

图 1-9　高斯平面直角坐标系的建立原理

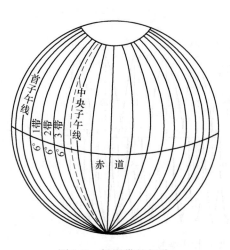

图 1-8　投影带的划分

我国位于北半球，x 坐标均为正值，而 y 坐标值有正有负。如图 1-11（a）所示，设 $y_A = +137680\mathrm{m}$，$y_B = -274240\mathrm{m}$。为避免横坐标出现负值，故规定把坐标纵轴向西平移 500km。坐标纵轴西移后如图 1-11（b）所示，则设 $y_A = 500000 + 137680 = 637680\mathrm{m}$，$y_B = 500000 - 274240 = 225760\mathrm{m}$。

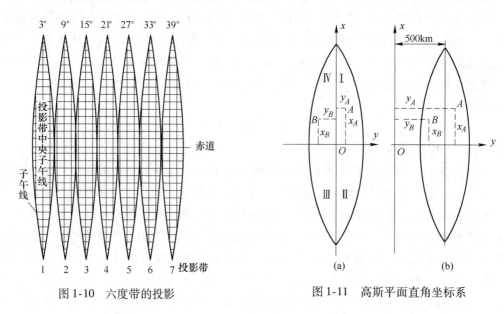

图 1-10 六度带的投影   图 1-11 高斯平面直角坐标系

为了根据横坐标能确定该点位于哪一个投影带内，还应在横坐标值前冠以带号。例如，A 点位于第 20 号带内，则其横坐标 y_A 应为 $y_A = 20637680\mathrm{m}$，以此类推。

在高斯投影中，离中央子午线近的部分变形小，离中央子午线越远变形越大，两侧对称。当测绘大比例尺图要求投影变形更小时，可采用 3°分带投影法。它是从东经 1°30′ 起，每经差 3° 划分一带，将整个地球表面划分为 120 个投影带，如图 1-12 所示，每带中央子午线的经度 L_0' 可按下式计算

$$L_0' = 3n \tag{1-2}$$

式中 n——三度的号数。

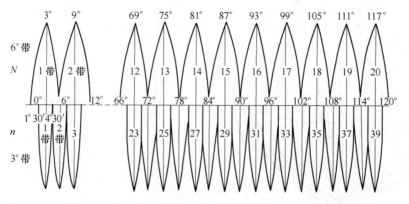

图 1-12 高斯六度、三度带投影编号

1.2.2.3 空间大地直角坐标系

在近代测绘技术中还使用空间大地直角坐标系。这种坐标系的原点在椭球中心，以椭球的短轴指北向为 z 轴，自原点指向 $0°$ 子午线与椭球赤道的交点为 x 轴，按右手直角坐标系构成 y 轴，如图 1-13 所示。如果空间大地直角坐标系的原点选在参考椭球的中心便称为参心大地直角坐标系，我国 1980 年国家大地坐标系便属于参心直角坐标系。如果原点选在地球的质量中心，则称为地心大地直角坐标系，美国 GPS 系统所使用的 WGS84 坐标系和我国北斗系统使用的 2000 国家坐标系即属于地心坐标系。

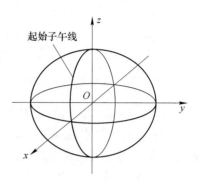

图 1-13 空间大地直角坐标系

1.2.3 用水平面代替球面的影响

水准面是一个曲面，用水平面代替水准面，可使测量与绘图工作大为简化。但是在多大的范围内容许用水平面代替水准面而不影响测量的精度，下面就此问题进行讨论。

1.2.3.1 曲率对水平距离的影响

如图 1-14 所示，A、B、C 三点是地面点，它们在大地水准面上的投影点是 a、b、c，地面点在水平面上的投影点是 a'、b'、c'，现分析由此产生的影响。设 A、B 两点在水准面上的距离为 D，在水平面上的距离为 D'，两者之差 ΔD，即是用水平面代替水准面所引起的距离误差。在推导公式时，近似地将大地水准面视为半径为 R 的球面，故

$$\Delta D = D' - D = R(\tan\theta - \theta) \tag{1-3}$$

已知 $\tan\theta = \theta + \left(\dfrac{1}{3}\theta^3 + \dfrac{2}{15}\theta^5\right) + \cdots$，因 θ 角很小，只取其前两项代入式（1-3），得

$$\Delta D = R\left(\theta + \frac{1}{3}\theta^3 - \theta\right)$$

因 $\theta = \dfrac{D}{R}$，故

$$\Delta D = \frac{D^3}{3R^2} \tag{1-4}$$

$$\frac{\Delta D}{D} = \frac{D^2}{3R^2} \tag{1-5}$$

将地球半径 $R = 6371\text{km}$ 以及不同的距离 D 带入式（1-4）和式（1-5），得到表 1-1 所列的结果。从表 1-1 可以看出，当 $D = 10\text{km}$ 时所产生的相对误差为 1:1200000，这样小的误差对精密量距来说也是允许的。因此，在 10km 为半径圆面积之内进行距离测量时，可以把水准面当作水平面看待，而不考虑地球曲率对距离的影响。

表 1-1　　曲率对水平距离的影响

D/km	$\Delta D/\mathrm{cm}$	$\Delta D/D$	D/km	$\Delta D/\mathrm{cm}$	$\Delta D/D$
10	0.8	1:1200000	50	102.6	1:49000
20	6.6	1:300000	100	821.2	1:12000

1.2.3.2　曲率对高程的影响

如图 1-14 所示，地面点 B 的高程应是铅垂距离 bB，用水平面代替水准面后，B 点的高程为 $b'B$，两者之差 Δh，即为对高程的影响，由图 1-14 得

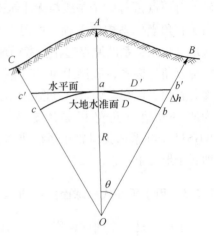

$$\Delta h = bB - b'B = ob' - ob$$
$$= R\sec\theta - R = R(\sec\theta - 1) \qquad (1\text{-}6)$$

已知 $\sec\theta = 1 + \dfrac{\theta^2}{2} + \dfrac{5\theta^4}{24} + \cdots$，因 θ 值很小，仅

取前两项代入式（1-6），另外 $\theta = \dfrac{D}{R}$，故得

$$\Delta h = R\left(1 + \frac{\theta^2}{2} - 1\right)\frac{D^2}{2R} \qquad (1\text{-}7)$$

图 1-14　用水平面代替水准面

用不同的距离代入式（1-7），便得到表 1-2 所列的结果。从表 1-2 可以看出，用水平面代替水准面，对高程的影响是很大的，距离 200m 就有 0.31cm 的高程误差，这是不允许的。因此，就高程测量而言，即使距离很短，也应顾及地球曲率对高程的影响。

表 1-2　　曲率对高程的影响

D/km	0.2	0.5	1	2	3	4	5
$\Delta h/\mathrm{cm}$	0.31	2	8	31	71	125	196

1.3　测量误差

测绘工作是测绘人员在一定的外界条件下，使用测绘仪器工具，按照规范规定的操作方法进行的。由于仪器工具设计、零件加工、组装、检测不完善，观测者的感官和鉴别能力有限，以及外界条件的不断变化，都会使测量成果产生不可避免的误差。例如对一水平角进行多次观测，观测结果的秒值是不一样的；用钢尺丈量距离，往返丈量几个测回，就可发现一测回内往返丈量的距离值不相等，各测回之间的结果也互不相等；又如对若干个量进行观测，从理论上讲这些量所构成的某个函数应等于某一理论值，但用这些量的观测值代入上述函数后与理论值不一致。这些现象之所以产生，究其原因是观测结果中存在着测量误差。观测值与理想的真值之间的差异称为测量误差。

测绘仪器、观测者和外界环境这三大因素，总称为观测条件。这里应该指出，误差与粗差是不相同的，粗差是由于操作错误和粗枝大叶的工作态度造成的，例如测错、听错、记错、算错等。为了发现和消除粗差，除了采取必要的检核外，测量工作者应具有高度的责任心、相应的技术水平和严肃认真的工作态度。

1.3.1 测量误差的分类

测量误差按性质可分为系统误差和偶然误差两大类。

在相同的观测条件下，进行一系列观测，如果观测误差的大小和符号表现出一致的倾向，即保持常数或按一定的规律变化，这类误差称为系统误差。例如用一把名义长度为 50m、而实际长度为 50.01m 的钢尺丈量距离，则丈量一尺的距离，就要比实际距离小 1cm，丈量两尺就要比实际长度小 2cm，这 1cm 的误差在大小和符号上都是不变的，用该钢尺丈量的距离越长，产生的误差就越大。由此可以看出，系统误差具有累积性，对观测结果的危害性极大。但由于系统误差具有同一性、单向性、累积性的特性，因而，可以采取措施将其消除。

在相同观测条件下，进行一系列观测，如果观测误差的大小和符号从表面上看都没有表现出一致的倾向，即表面上没有任何规律性，这类误差称为偶然误差。如安置经纬仪时，对中不可能绝对准确，在水准尺上估读毫米读数的误差，钢尺量距时估读 0.1mm 的读数误差等。这些误差都属于偶然误差。

虽然，偶然误差从表面上看其大小和符号没有规律可言，但人们根据大量的测量实践数据，发现在相同的观测条件下对某一量进行多次观测，大量的偶然误差也会呈现一定的规律，且观测次数越多，这种规律就越明显。例如，在相同的观测条件下，即测量仪器、观测者不变，环境条件相同，观测了 257 个三角形的内角。由于观测结果中含有偶然误差，各三角形的三个内角观测值之和不等于三角形内角和的理论值（也称真值）180°，而是有一差值 Δi。设三角形内角和的真值为 X，各三角形内角和的观测值为 L_i，则 Δi 为三角形内角和的真误差（一般称三角形闭合差）。

$$\Delta i = L_i - X \quad (i = 1, 2, \cdots, n) \tag{1-8}$$

现将 257 个真误差按每隔 3″为一区间，以误差的大小及其符号分别统计在各误差区间的个数 w 及相对个数 $u/257$，并将结果列入表 1-3 中。

表 1-3 多次观测偶然误差统计表

误差区间 3″	正 误 差		负 误 差		合 计	
	个数	相对个数 u/n	个数	相对个数 u/n	个数	相对个数 u/n
0 ~ 3	40	0.157	41	0.159	81	0.316
3 ~ 6	26	0.101	25	0.097	51	0.198
6 ~ 9	19	0.074	20	0.078	39	0.152
9 ~ 12	15	0.058	16	0.062	31	0.120
12 ~ 15	12	0.047	11	0.043	23	0.090
15 ~ 18	8	0.031	8	0.031	16	0.062
18 ~ 21	6	0.023	5	0.019	11	0.042
21 ~ 24	2	0.008	2	0.008	4	0.016
24 ~ 27	0	0	1	0.004	1	0.004
> 27	0	0	0	0	0	0
总计	128	0.499	129	0.501	257	1.000

从表 1-3 可以得出，绝对值相等的正负误差出现的相对个数基本相同，绝对值小的误

差比绝对值大的误差出现的相对个数多，误差的大小不会超过一个定值。以上结论绝非巧合，在其他测量结果中也呈现出同样的规律。大量的统计结果表明，偶然误差具有如下统计特性：

（1）有界性，即在一定的观测条件下，偶然误差的绝对值不会超过一定的限度。

（2）单峰性，即绝对值小的误差比绝对值大的误差出现的可能性大。

（3）对称性，即绝对值相等符号相反的正负误差出现的可能性相等。

（4）补偿性，即当观测次数无限增多时，偶然误差的算术平均值趋近于零。

上述第 4 个特性是由第 3 个特性推导出来的。由偶然误差的第 3 特性可知在大量的观测值中正、负偶然误差出现的可能性相等，因而求全部误差的总和时，正、负误差就有可能相互抵消。当误差无限增多时，真误差的算术平均值必然趋于零。

1.3.2　算术平均值

研究误差的目的之一，就是对带有误差的观测值进行科学的处理，以求得其最可靠值，最简单的方法是取算术平均值。

设某量的真值为 X，在相同的观测条件下对其进行了 n 次观测，观测为 L_1、L_2、$\cdots$、L_n，相应的真误差为 $\Delta1$、$\Delta2$、$\cdots$、Δn，由式（1-8）可得出

$$\Delta1 = L_1 - X$$
$$\Delta2 = L_2 - X$$
$$\vdots$$
$$\Delta n = L_n - X$$

将上式中的真误差的各项相加可得

$$\Delta1 + \Delta2 + \cdots + \Delta n = (L_1 + L_2 + \cdots + L_n) - nX$$
$$[\Delta] = [L] - nX$$

故有

$$X = [L]/n - [\Delta]/n \qquad (1-9)$$

设观测值的算术平均值为 x，即

$$x = [L]/n \qquad (1-10)$$

算术平均值的真误差为 ΔX，则

$$\Delta X = [\Delta]/n \qquad (1-11)$$

将式（1-10）和式（1-11）代入式（1-9），则可得

$$X = x - \Delta X \qquad (1-12)$$

根据偶然误差的第 4 特性，当观测次数无限增多时，ΔX 趋近于零，即

$$\lim_{n \to \infty} \frac{[\Delta]}{n} = 0$$

由此可见

$$\lim_{n \to \infty} x = X \qquad (1-13)$$

由式（1-13）可以看出，当观测次数无限增加时，观测值的算术平均值就趋近于该量的真值。但在实际工作中观测次数总是有限的，算术平均值并不是真值，只是接近于真值，它与各观测值相比，是最接近真值的值。所以认为算术平均值是最可靠值，也称最或

然值。

1.3.3 评定精度的标准

为了科学地评定观测结果的精度，必须有一套评定精度的标准。中国通常采用中误差（标准差）、允许误差（也称极限误差）和相对误差作为评定精度的标准。

1.3.3.1 中误差（标准差）

设在相同的观测条件下，对某量进行了 n 次观测，得到一组独立的真误差 Δ_1、Δ_2、…、Δ_n，则这些真误差平方的平均值的极限称为中误差 M 的平方（方差），即

$$M^2 = \partial^2 = \lim_{n \to \infty} \frac{[\Delta\Delta]}{n} \tag{1-14}$$

$$[\Delta\Delta] = \Delta_1^2 + \Delta_2^2 + \cdots + \Delta_n^2$$

式中 ∂^2 ——方差，$\partial = \sqrt{\partial^2}$ 为均方差，即标准差；

n——真误差的个数。

上式中的 M 是当观测次数 $n \to \infty$ 时，$[\Delta\Delta]/n$ 的极限值，是理论上的数值。在实际工作中，观测次数不可能无限增多，只能用有限观测值求中误差的估值 m，即

$$m = \pm\sqrt{\frac{[\Delta\Delta]}{n}} \tag{1-15}$$

对于普通测量而言，一般将中误差估值简称为中误差。式（1-15）表明，中误差并不等于每个观测值的真误差，而是一组真误差的代表。由数理统计原理可以证明，按式（1-15）计算的中误差 m，有68.3%的置信度代表着一组误差的取值范围和误差的离散度。因此，用中误差作为评定精度的标准是科学的，中误差越大，表示观测值的精度越低；反之，精度越高。

在实际工作中，待定量的真值往往是不知道的，因而，不能直接用式（1-15）求观测值的中误差。但待定量的算术平均值 x 与观测值 L_i 之差，即观测值的改正数与公式（1-16）中一致是可以求得的，所以在实际工作中，常利用观测值的改正数来计算中误差。

观测值的改正数

$$v_i = x - L_i \quad (i = 1, 2, \cdots, n) \tag{1-16}$$

$$L_i = x - v_i$$

将上式代入式（1-13），可得

$$\Delta i = -v_i + (x - X) \quad (i = 1, 2, \cdots, n)$$

将上式两端分别自乘并求和，有

$$[\Delta\Delta] = [vv] - 2[v](x - X) + n(x - X)^2$$

将上式两端除以 n 并考虑式（1-12），则

$$\frac{[\Delta\Delta]}{n} = \frac{[vv]}{n} - 2[v]\frac{\Delta X}{n} + \Delta^2 X$$

若 $[v] = 0$ 上式可得

$$\frac{[\Delta\Delta]}{n} = \frac{[vv]}{n} + \Delta^2 X \tag{1-17}$$

由式（1-11）可知

$$\Delta X = \frac{\Delta}{n}$$

则

$$\Delta^2 X = \frac{[\Delta_1 + \Delta_2 + \cdots + \Delta_n]^2}{n^2}$$

$$= \frac{1}{n^2} \big[(\Delta_1^2 + \Delta_2^2 + \cdots + \Delta_n^2) + 2(\Delta_1\Delta_2 + \Delta_1\Delta_3 + \cdots + \Delta_{n-1}\Delta_n) \big]$$

$$= \frac{[\Delta\Delta]}{n^2} + 2\frac{\Delta_1\Delta_2 + \Delta_1\Delta_3 + \cdots + \Delta_{n-1}\Delta_n}{n^2}$$

根据偶然误差的第 4 特性，当 $n \to \infty$ 时，上式右端第二项趋近于零，故有

$$\Delta^2 X = \frac{[\Delta\Delta]}{n^2}$$

将上式代入式（1-17）得

$$\frac{[\Delta\Delta]}{n} = \frac{[vv]}{n} + \frac{[\Delta\Delta]}{n^2}$$

由式（1-15）

$$m^2 = \frac{[\Delta\Delta]}{n}$$

于是，有

$$m^2 = \frac{[vv]}{n} + \frac{m^2}{n}$$

上式移项后得

$$m = \pm \sqrt{\frac{[vv]}{n-1}} \tag{1-18}$$

上式即为用改正数计算真误差的公式，称为白塞尔公式。

算术平均值的真误差 m_x ，可用下式计算

$$m_x = \frac{m}{\sqrt{n}} = \pm \sqrt{\frac{[vv]}{n(n-1)}} \tag{1-19}$$

1.3.3.2　允许误差

偶然误差的第一特性表明，在一定的观测条件下，偶然误差的绝对值不会超过一定的限度。如果超过了一定的限度就认为不符合要求，应舍去重测，这个限度就是允许误差（也称极限误差）。那么，允许误差应该为多大。由中误差的定义可知，观测值的中误差是衡量精度的一种标准，它并不代表每个观测值的大小，但它们之间却存在着必然的联系，根据误差理论和大量的测量实践证明，绝对值与中误差相等的误差，即真误差落在区间 $(-\sigma, \sigma)$ 的概率约为 68.3%；绝对值不大于 2 倍中误差的误差出现的概率约为 95.5%；绝对值不大于 3 倍中误差的误差出现的概率约为 99.7%。从数理统计的角度来讲，由于大于 2 倍中误差的误差出现的可能性（概率）仅为 4.5%，大于 3 倍中误差的误差出现的可能性仅为 0.3%，属于小概率事件，这种小概率事件为实际上的不可能事件。

中国现行的测量规范，以 2 倍的中误差作为允许误差，即

$$\Delta_允 = 2m \qquad\qquad (1\text{-}20)$$

1.3.3.3　相对误差

对于评定精度而言，在很多情况下，仅仅知道中误差还不能完全反映观测精度的优劣。例如测量了两段距离，一段为 1000m，另一段为 200m，它们的测量中误差均为 ±20mm。显然不能认为两段距离的精度相同，因为距离的精度与距离本身长度的大小有关。为了客观地反映观测精度，必须引入一个评定精度的标准，即相对误差。相对误差就是观测值的中误差与观测值本身之比，通常以分子为 1 的分数表示。相对误差不能用来评定角度测量的精度，因为测角误差的大小与角度的大小无关。

1.4　测量工作的基本内容与原则

在实际测量工作中，一般不能直接测出地面点的坐标和高程。通常是求得待定点与已知点之间的几何位置关系，然后再推算出待定的坐标和高程。如图 1-15 所示，设 A、B 点的坐标和高程已知，C 为待定点，三点在投影面上的投影位置分别是 a、b、c。在 △abc 中，只要测出一条未知边和一个角（或两个角、或两条未知边），就可以推算出 C 点的坐标。欲求 C 点的高程，则要测量出高差 h_{AC}（或 h_{BC}），然后计算出 C 点的高程。由此可见，水平角、水平距离和高差是确定地面点位的三个基本要素。高

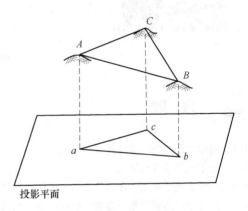

图 1-15　地面点的投影

差测量、水平角测量和水平距离测量是测量工作的基本内容。

地表形态是由地物和地貌组成的。地球表面上有固定形态的物体（天然形成的和人工构筑的），称为地物，如房屋、道路、江河、湖泊等；地面上高低起伏的形态，称为地貌，如山头、丘陵、平原、盆地等。地形包括地物和地貌。地物和地貌是由无数的点组成的，但最终是由最能代表其特征的点组成的，这些点称为特征点（也称碎部点）。测定这些点的位置不可避免地产生误差，会导致前一点的测量误差传递到下一点，这样累积起来，最后可能使点位误差达到不能容许的程度。因此，测量工作必须遵循一定的原则和程序进行。

综上所述，在实际测量工作中，应遵循的原则之一是从整体到局部。因此，测定碎部点的位置，其程序通常分为两步：第一步为控制测量，如图 1-16 所示，在测区内首先选择一些有控制意义的点（称为控制点），把它们的位置精确地测定出来，进行控制测量，然后再根据这些控制点进行碎部点的测量。这就是测量工作应遵循的又一原则和程序——先控制，后碎部。这种测量方法可以减少误差积累，而且可以同时在几个控制点上进行测量，加快工作进度。此外，在测量工作中，因为不可避免地产生误差，有时甚至发生错误。故在测量工作中必须重视检核，防止发生错误，避免错误的结果对后续测量工作的影响。因此，前一步工作未作检核不得进行下一步工作是测量工作应遵循的又一个原则。

图 1-16　测量工作的原则和程序

 习　题

1-1　测量学研究的对象是什么？

1-2　测定和测设有何区别？

1-3　何为大地水准面？在测量工作中的作用是什么？

1-4　何为绝对高程和相对高程？两点的高差与高程的起算面是否有关？

1-5　测量所用平面直角坐标系与数学用平面直角坐标系有哪些不同？

1-6　测量工作的两个原则及其作用是什么？

1-7　确定地面点的三个基本要素是什么？

1-8　测量的基本工作是什么？

1-9　已知某点的高斯平面直角坐标为 $x = 3102467.28$m，$y = 20792538.69$m。试问该点位于 6° 带的第几带？该带的中央子午线经度是多少？该点在中央子午线的哪一侧？在高斯投影平面上，该点距中央子午线和赤道的距离是多少？

1-10　已知 $H_A = 54.632$m，$H_B = 63.239$m，求 h_{AB} 和 h_{BA}。

1-11　何为偶然误差和系统误差？偶然误差的特性有哪些？

1-12　评定精度的标准有哪些？

2 角度测量

角度测量是测量的三项基本工作之一，它包括水平角测量和竖直角测量。水平角测量用于确定点的平面位置，竖直角测量用于确定两点间的高差或将倾斜距离改化成水平距离。

2.1 角度测量的原理

2.1.1 水平角测量原理

设 A、O、B 为地面任意三点（三个点不等高）。O 为测站点，A、B 为目标点。水平角是指地面上一点到两个目标点的方向垂直投影到水平面上的夹角，或分别过两条方向线的竖直面的二面角。如图 2-1 所示，OA、OB 在同一水平面 H 上的投影 $O'A'$、$O'B'$ 所构成的角 β，就是 OA、OB 之间的水平角。

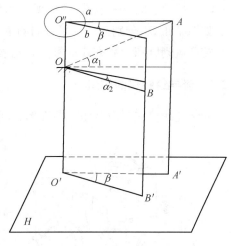

图 2-1　水平角定义及测量原理

为了测量出水平角的大小，在过 O 点的铅垂线上任一点 O 为中心，水平地安置一个带有刻度的圆盘（称为水平度盘），其刻划中心与 O 点重合，通过 OA、OB，各作一竖直面。那么，此两竖直面与水平度盘相交，且在度盘上截取的读数分别是 a 和 b，则所求水平角 β 之值为（一般水平度盘为顺时针刻划）：

$$\beta = b - a \tag{2-1}$$

水平角值的范围为 $0° \sim 360°$。

综上所述，测量水平角所用的经纬仪必须有一刻度盘（称为水平度盘）和在刻度盘上读数的指标。观测水平角时，度盘中心应安置在过测站点的铅垂线上（称为对中），并能使之水平。为了瞄准不同方向，经纬仪的望远镜应能沿水平方向转动，也能高低俯仰。当望远镜高低俯仰时，其视准轴应画出一竖直面，这样才能使得在同一竖直面内高低不同的目标有相同的水平度盘读数。

2.1.2 竖直角测量原理

竖直角是指在同一竖直面内，某一方向线（瞄准目标视线）与水平线的夹角，称为竖直角。测量上又称为倾斜角，或简称为竖角，如图 2-1 中的 α_1 和 α_2。竖直角有仰角和俯角之分。视线在水平线以上所成的角，称为仰角，取正号；视线在水平线以下所成的角，称为俯角，取负号。竖直角的范围 $-90° \sim 90°$。

如图 2-1 所示，欲测定 α_1 和 α_2 的大小，可在过 O 点的铅垂面上，安置一个垂直圆盘，并令其中心过 O 点，这个盘称为竖直度盘。当竖直度盘与过 OA 直线的竖直面重合时，则 OA 方向线与水平方向线的夹角为 α_1。竖直角与水平角一样，其角值也是度盘上两个方向的读数值差，不同的是，竖直角两个方向中必有一个是水平方向（经纬仪在设计时，将其设计为一个常数：$90°$ 或 $270°$）。因此，在竖直角测量时，只需测量一个方向值，便可计算竖直角。

2.2　角度的测量工具

经纬仪种类很多，但基本结构大致相同。按精度分，我国生产的经纬仪可分为 DJ_{07}、DJ_1、DJ_2、DJ_6 型号。其中，D、J 分别为"大地测量"和"经纬仪"的汉语拼音第一个字母；07、1、2、6、…表示该仪器所能达到的精度指标，即一测回的方向中误差，单位为秒。如 DJ_{07} 和 DJ_6 分别表示水平方向测量一测回的方向中误差不超过 $0.7''$ 和 $6''$。

按度盘刻度和读数方式，可分为光学经纬仪和电子经纬仪。

2.2.1　光学经纬仪的构造

光学经纬仪主要由基座、照准部、度盘三部分组成，如图 2-2 所示。

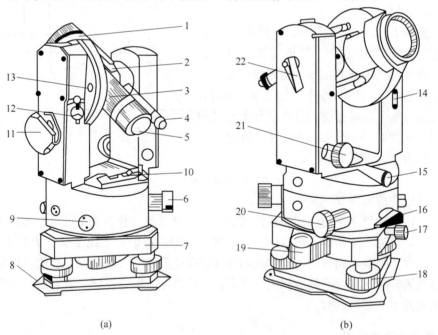

(a)　　　　　　　　　　　　　　(b)

图 2-2　DJ_6 型光学经纬仪的构造

1—望远镜物镜；2—粗瞄器；3—对光螺旋；4—读数目镜；5—望远镜目镜；6—转盘手轮；7—基座；
8—导向板；9，13—堵盖；10—水准器；11—反光镜；12—自动归零旋钮；14—调指标差盖板；
15—光学对点器；16—水平制动扳手；17—固定螺旋；18—脚螺旋；19—圆水准器；
20—水平微动螺旋；21—望远镜微动螺旋；22—望远镜制动扳手

（1）基座。基座用来支撑整个仪器，并通过中心连接螺旋将经纬仪固定在三脚架上。基座上有三个脚螺旋用于整平仪器，还有一轴座固定螺旋，用于控制照准部和基座之间的衔接。

（2）水平度盘。水平度盘是由光学玻璃制成，装在仪器竖轴上，其上按顺时针方向有 $0° \sim 360°$ 的刻划和注记，最小分划间隔为 $1°$ 和 $30'$ 两种。水平度盘与照准部是分离的，当照准部转动时，水平度盘并不随之转动，在水平角观测中，如需改变水平度盘位置，可通过照准部上的水平度盘变换手轮，将度盘变换到所需位置。

（3）照准部。照准部是经纬仪的重要组成部分，是指水平度盘之上能绕其旋转轴旋转的部分。照准部主要由竖轴、望远镜、竖直度盘、读数设备、照准部水准管和光学对中器等组成。

1）竖轴。照准部的旋转轴。通过调节照准部制动螺旋和微动螺旋，可以控制照准部在水平方向上的转动。

2）望远镜。用于瞄准目标，它主要由物镜、目镜、对光透镜和十字丝分划板组成，如图 2-3 所示。

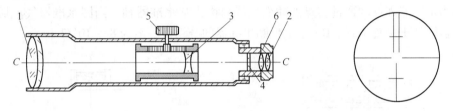

图 2-3 望远镜构造

1—物镜；2—目镜；3—物镜调焦透镜；4—十字丝分划板；5—物镜调焦螺旋；6—目镜调焦螺旋

①物镜和目镜。物镜和目镜多采用复合透镜组，目标 AB 经过物镜成像后形成一个倒立而缩小的实像，调节物镜对光螺旋，可使不同距离的目标清晰地成像在十字丝平面上。再通过目镜的作用，便可看清同时放大了的十字丝和倒立的目标影像，见图 2-4 所示。

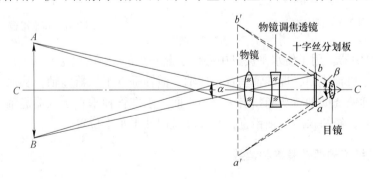

图 2-4 望远镜成像原理

②十字丝分划板。其用来瞄准目标。一般是在玻璃平板上刻有相互垂直的纵横细线，称为横丝（中丝）和纵丝（竖丝）。与横丝平行的上下两根短丝称为视距丝，用来测量距离。调节目镜调焦螺旋，可以看清十字丝分划线。十字丝交点与物镜光心的连线称为望远镜的视准轴。视准轴的延长线即为视线。

3）横轴。其是望远镜的旋转轴。通过调节望远镜制动螺旋和微动螺旋，可以控制望远镜的上下转动。

4）竖直度盘。用于测量竖直角，固定在横轴的一端，随望远镜一起转动。

5）读数设备。用于读取水平度盘和竖直度盘的读数。

6）照准部水准管。其又称为管水准器，用于精确整平仪器。如图 2-5 所示，它是一玻璃管，其纵剖面方向的内壁研磨成一定半径的圆弧形，水准管上一般刻有间隔为 2mm 的分划线，分划线的对称中心 0 称为水准管零点，通过零点与圆弧相切的纵向切线 LL 称为水准管轴。水准管轴垂直于仪器竖轴。气泡中心与水准管零点重合时，气泡居中，这时水准管轴处于水平位置，也就是经纬仪的竖轴处于铅垂位置。水准管 2mm 的弧长所对圆心角 τ 称为水准管的分划值（见图 2-5），即气泡每移动一格时，水准管所倾斜的角值。水准管分划值的大小反映了仪器置平精度的高低。分划值越小，其灵敏度（整平仪器的精度）越高。DS$_3$ 水准仪的水准管的分划值为 20″/2mm。

除了水准管之外，经纬仪的基座上还有一个圆水准器，用来粗略整平仪器。圆水准器是一个圆柱形的玻璃盒子，如图 2-6 所示，顶面内壁是一个球面，球面中央有一圆圈。其圆心称为水准器零点。通过零点的球面法线，称为圆水准器轴。当圆水准器气泡居中时，圆水准器轴处于竖直位置。DS$_3$ 水准仪圆水准器的分划值一般为 8′～10′/2mm。

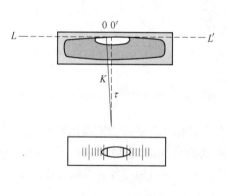

图 2-5　管水准器

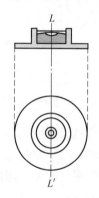

图 2-6　圆水准器

7）光学对中器。用于使水平度盘中心位于测站点的铅垂线上。

经纬仪的主要轴线中，视准轴垂直于横轴，横轴垂直于仪器竖轴，从而保证在仪器竖轴铅直时，望远镜绕横轴转动能扫出一个铅垂面。水准管轴垂直于仪器竖轴，当照准部水准管气泡居中时，经纬仪的竖轴铅直，水平度盘即处于水平位置。

2.2.2　光学经纬仪的读数装置和读数

光学经纬仪的读数设备主要包括度盘和指标。为了提高度盘的读数精度，在光学经纬仪的读数设备中都设置了显微、测微装置。显微装置由仪器支架上的反光镜和内部一系列棱镜与透镜组成的显微物镜构成，能将度盘刻划照亮、转向、放大，并成像在读数窗上，通过显微目镜读取读数窗上的读数。测微装置是一种能在读数窗上测定小于度盘分划值的读数装置。DJ$_6$ 型光学经纬仪一般采用分微尺测微器和单平板测微器装置；DJ$_2$ 型光学经纬仪采用对径符合读数装置。

（1）分微尺测微器。分微尺测微器结构简单、读数方便，广泛应用于 DJ$_6$ 型经纬仪。分微尺测微装置是在读数窗上安装一个带有刻划的分微尺，其总长恰好等于放大后度盘格值的宽度。当度盘影像呈现在读数窗上时，分微尺就可细分度盘相邻刻划的格值。

读数显微镜内可以看到两个读数窗（见图2-7）：注有"水平"、"H"或"—"的是水平度盘读数窗；注有"竖直"、"V"或"⊥"的是竖直度盘读数窗。每个读数窗上有一分微尺，分微尺的长度等于度盘上 1°影像的宽度，即分微尺全长代表 1°。将分微尺分成 60 小格，每 1 小格代表 1′，可估读到 0.1′即 6″。每 10 小格注有数字，表示 10 的倍数。读数时，先调节读数显微镜目镜对光螺旋，使读数窗内度盘影像清晰，然后读出位于分微尺中的度盘分划线上的注记度数，最后以度盘分划线为指标，在分微尺上读取不足 1°的分数，并估读秒数，将度、分、秒相加即得度盘读数。图 2-7 中水平度盘读数为 164°06′36″，竖直度盘读数为 86°51′36″。

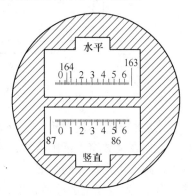

图2-7　分微尺测微器读数窗

（2）单平板玻璃测微器。单平板玻璃测微器主要由平板玻璃、测微轮、微分划尺和传动装置组成。测微轮、平板玻璃和测微分划尺由传动装置连接在一起。转动测微轮，可使平板玻璃和测微分划尺同轴旋转。图2-8 是单平板玻璃测微装置读数窗影像。上部小窗格为测微尺分划影像，并有指标线，中间为竖直度盘读数窗，下部为水平度盘读数窗，都有双指标线。度盘最小分划值为 30′，测微尺共 30 大格，1 大格又分 3 个小格。转动测微器，测微尺分划由 0′移至 30′，度盘分划也恰好移动 1 格（30′），故测微尺大格的分划值为 1′，小格为 20″，每 5″进行注记。

读数时先转动测微轮，使度盘上某一分划线精确地平分双指标线，按双指标线所夹的度盘分划数值读出度数和 30′的整分数，再读测微器窗格单指标线所指的分、秒值，最后估读不足 20″的秒值，将三者相加即得度盘读数。如图 2-8 所示水平度盘读数为 199°30′ + 13′30″ = 199°43′30″。

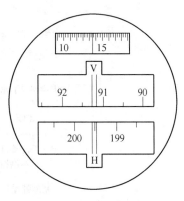

图2-8　单平板玻璃测微器

（3）对径符合读数装置。DJ$_2$ 型光学经纬仪采用对径符合读数装置，相当于取度盘对径相差 180°处的两个读数的平均值，以消除度盘偏心误差的影响，提高读数精度。这种读数装置是通过一系列光学零部件，将度盘直径两端刻划线和注记的影像，同时显现在读数窗内。在其读数显微镜中，只能看到水平度盘和竖直度盘中的一种影像，读数时，需通过转动换像手轮，使读数显微镜中出现需要读数的度盘影像。如图 2-9（a）所示，右下方为分划线重合窗，右上方读数窗中上面的数字为整度值，中间凸出的小方框中的数字为整 10′数，左下方为测微尺读数窗。测微尺刻划有 600 小格，全程测微范围为 10′，最小分划为 1″，可估读到 0.1″。测微尺的读数窗中左边注记数字为分，右边注记数字为整 10″数。

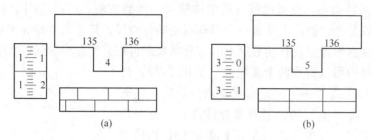

图 2-9　DJ₂ 型光学经纬仪读数窗

读数时先转动测微轮，使分划线重合窗中上、下分划线精确重合，如图 2-9（b）所示。然后在读数窗中读出度数，在中间凸出的小方框中读出整 10′ 数，最后在测微尺读数窗中，根据单指标线的位置，直接读出不足 10′ 的分数和秒数，并估读到 0.1″。将度数、整 10′ 数及测微尺上的读数相加，即为度盘读数。图 2-9（b）中所示读数为 $135° + 50' + 3'03.2'' = 135°53'03.2''$。

2.2.3　电子经纬仪的构造

电子经纬仪在结构和外观上与光学经纬仪相似，主要不同点在于读数系统采用了电子测角系统和液晶显示，如图 2-10 所示。电子测角系统从度盘上取得电信号，再转换成数字，并将测量结果储存在微处理器内，根据需要自动显示在显示屏上，实现了读数的自动化和数字化。

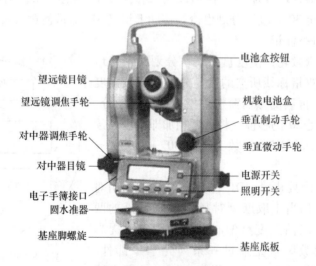

图 2-10　电子经纬仪

根据取得电信号的方式不同，电子测角度盘可分为编码度盘、光栅度盘等。

电子经纬仪与光电测距仪可以组合成全站型电子速测仪，配合适当的接口，可将电子手簿记录的数据输入计算机，实现数据处理和绘图自动化。

需要说明的是，由于井下导线点多布设在顶板上，故矿用经纬仪和普通经纬仪相比，需标有镜上中心，以便于点下对中。

2.2.4 经纬仪的使用

经纬仪的使用包括安置仪器、瞄准和读数。

（1）安置仪器。安置仪器是将经纬仪安置在测站点上，包括对中和整平两项内容。对中的目的是使仪器中心与测站点的标志中心在同一铅垂线上。整平的目的是使仪器的竖轴垂直，即水平盘处于水平位置。对中方法有垂球对中和光学对中器对中两种。由于光学对中具有速度快、精度高的特点，通常采用光学对中法。采用光学对中器安置经纬仪的步骤如下：

1）初步对中。固定三脚架的一条腿于测站点旁适当位置，两手分别握住另外两条腿作前后移动或左右转动，同时从光学对中器中观察，使对中器对准测站点。若对中器分划板和测站点成像不清晰，可分别进行对中器目镜和物镜调焦。

2）初步整平。调节三脚架腿的伸缩连接处，利用圆水准器使经纬仪大致水平。

3）精确整平。先使照准部水准管与任意一对脚螺旋连线平行，双手相向转动这两个脚螺旋（气泡移动方向与左手大拇指移动方向一致）使气泡居中，如图2-11（a）所示；然后将照准部转90°，使水准管与原来位置垂直，调整第三个脚螺旋使水准管气泡居中，如图2-11（b）所示。按上述方法反复操作，直到仪器旋至任意位置气泡均居中为止。

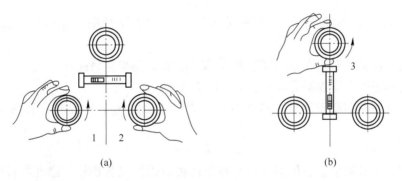

图 2-11 经纬仪整平

4）精确对中。平移（不可旋转）经纬仪基座，使对中器精确对中测站点。

精确对中和精确整平应反复进行，直到对中和整平达到要求为止。

（2）瞄准目标。

1）松开望远镜水平制动螺旋和竖直制动螺旋，将望远镜朝向明亮背景，调节目镜对光螺旋，使十字丝清晰。

2）利用望远镜上的粗瞄器，使目标位于望远镜的视场内，拧紧照准部和望远镜制动螺旋。调节物镜的调焦螺旋，使目标的像清晰。检查是否有视差，如有需进行消除。

3）转动微动螺旋精确瞄准目标。测量水平角时，用十字丝交点附近的纵丝瞄准目标底部，可用十字丝纵丝的单线平分目标，也可以双线夹住目标，如图2-12所示。

（3）读数。精确瞄准后，调节反光镜，使读数窗内进光明亮均匀。旋转显微镜调焦螺旋，使读数窗内刻划注记清晰，然后进行读数。

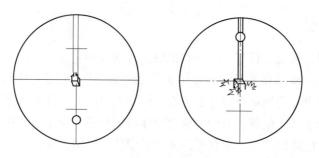

图 2-12　水平角测量时瞄准目标方法

2.3　水平角测量方法

水平角的观测方法一般根据目标的多少而常用的方法有测回法和方向观测法。

2.3.1　测回法

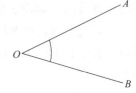

图 2-13　测回法测水平角

测回法常用于测量两个方向之间的单角，如图 2-13 所示。A、O、B 分别为地面上的三个点，欲测定 OA 与 OB 所构成的水平角，其操作步骤如下：

将经纬仪安置在测站点（角的顶点）O 上，进行对中、整平。

（1）盘左位置（竖盘在望远镜左边），又称正镜，瞄准左目标 A。

（2）将水平度盘读数调至微大于 0°，取读数 $a_左$。

（3）松开照准部制动螺旋，瞄准右目标 B，得读数 $b_左$，则盘左位置所得半测回角值为

$$\beta_左 = b_左 - a_左 \qquad (2-2)$$

（4）倒转望远镜呈盘右位置（竖盘在望远镜右边）又称倒镜，瞄准右目标 B，取读数 $b_右$。

（5）瞄准左目标 A，得读数 $a_右$，则盘右半测回角值为

$$\beta_右 = b_右 - a_右 \qquad (2-3)$$

利用盘左、盘右两个位置观测水平角，可以抵消仪器误差对测角的影响，同时可检核观测中有无错误。对于 DJ₆ 型光学经纬仪，如果 $\beta_左$ 与 $\beta_右$ 的差数不大于 40″，则取盘左、盘右角值的平均值作为最后结果：

$$\beta = \frac{1}{2}(\beta_左 + \beta_右) \qquad (2-4)$$

当测角精度要求较高时，可以观测多个测回，取其平均值作为水平角测量的最后结果。为减少度盘刻划不均匀误差，各测回应利用经纬仪上度盘变化装置配置度盘。每个测回应按 180°/n 的角度间隔变换水平度盘的位置。如测三个测回，分别设置成约大于 0°、60°、120°。用 DJ₆ 型光学经纬仪观测时，各测回之差不得超过 40″，取其平均值为最后结果。测回法观测手簿见表 2-1。

表 2-1　测回法观测手簿

测　站	盘位	目标	水平盘读数	半测回角值	一测回角值	各测回角平均角值	备注
第一测回 O	左	A	0°12′12″	71°56′36″	71°56′36″	71°56′34″	
		B	72°08′48″				
	右	A	180°12′00″	71°56′30″			
		B	252°08′30″				
第二测回 O	左	A	90°08′36″	71°56′30″	71°56′33″		
		B	162°05′24″				
	右	A	270°08′30″	71°56′36″			
		B	342°05′06″				

2.3.2　方向观测法

当一个测站上需测量的方向数多于两个时，应采用方向观测法进行观测。

如图 2-14 所示，O 为测站点，A、B、C、D 为四个目标点，操作步骤如下：

（1）首先安置经纬仪于 O 点，成盘左位置，将度盘置成约大于 0°，选择一个明显目标作为起始方向，如 A 方向，读水平度盘读数，记入表 2-2 中。

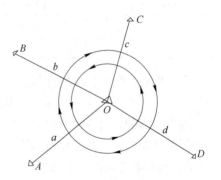

图 2-14　方向观测法

表 2-2　方向观测法观测手簿

测站	测回数	目标	水平盘读数		2c	平均读数	归零后的方向值	各测回归零平均值	备注
			盘左	盘右					
1	2	3	4	5	6	7	8	9	10
O	1					(00°02′10″)			
		A	0°02′12″	180°02′00″	+12	0°02′06″	0°00′00″	0°00′00″	
		B	37°44′15″	212°44′05″	+10	37°44′10″	37°42′00″	37°42′04″	
		C	110°29′04″	290°28′52″	+12	110°28′58″	110°26′48″	110°26′52″	
		D	150°14′51″	330°14′43″	+8	150°14′47″	150°12′37″	150°12′33″	
		A	0°02′18″	180°02′08″	+10	0°02′13″			
	2					(90°03′24″)			
		A	90°03′30″	270°03′22″	+8	90°03′26″	0°00′00″		
		B	127°45′34″	307°45′28″	+6	127°45′31″	37°42′07″		
		C	200°30′24″	20°30′18″	+6	200°30′21″	110°26′57″		
		D	240°15′57″	60°15′49″	+8	240°15′53″	150°12′29″		
		A	90°03′25″	270°03′18″	+7	90°03′22″			

（2）松开水平和竖直制动螺旋，顺时针方向依此瞄准 B、C、D 各点，分别读数、记

录表中。为了校核，应再次瞄准目标 A 并读数（此步观测称为归零）。A 方向两次读数差称为归零差。对于 DJ$_6$ 型经纬仪，归零差不应大于 $\pm 18''$，否则说明观测过程中仪器度盘位置有变动，应重新观测。上述观测称为上半测回。

（3）倒转望远镜成盘右位置，先瞄准起始方向 A，逆时针方向依此瞄准 D、C、B，最后回到 A 点。该操作称为下半测回。如要提高测角精度，需观测多个测回。各测回仍按 $180°/n$ 的角度间隔变换水平度盘的起始位置。

（4）观测成果计算。

1）计算归零差。对起始目标，分别计算盘左两次瞄准的读数差和盘右两次瞄准的读数差，称为归零差。应满足表 2-3 的限差规定。

表 2-3　方向观测法的各项限差

经纬仪类型	半测回归零差	一测回内 2c 互差	同一方向各测回互差
DJ$_2$	8″	13″	9″
DJ$_6$	18″		24″

2）两倍照准误差 $2c$ 的计算。

$$2c = 盘左读数 - (盘右读数 \pm 180°) \tag{2-5}$$

通常，由同一台仪器测得的各方向的 $2c$ 应为常数。因此，$2c$ 变化大小可作为衡量观测质量的标准之一。其变化范围不应超过表 2-3 的规定。

3）计算各方向的平均读数。

$$平均读数 = \frac{1}{2}\left[盘左读数 + (盘右读数 \pm 180°) \right] \tag{2-6}$$

由于存在归零读数，则起始方向有两个平均值。因此，将两个平均值再取一次平均，所得结果为起始方向的值，即表 2-2 中加括号者。

4）计算归零后的方向值。将各方向的平均读数分别减去括号内的起始方向平均值，即得各方向的归零后的方向值。

5）计算各测回归零后方向值的平均值。一个测站观测两个以上测回时，应检查同一方向值各测回的互差，互差要求见表 2-3。符合要求后，取各测回同一方向归零后的方向值的平均值作为最后结果。

6）计算水平角。相邻方向值之差，即为相邻方向所夹的水平角。

2.4　竖直角测量方法

2.4.1　竖直度盘的构造

光学经纬仪竖直度盘的结构主要由竖盘、竖盘读数指标和自动补偿装置组成（有一种仪器为竖盘读数指标水准管），如图 2-15 所示。竖盘固定在横轴一端，可随望远镜在竖直面内转动。分微尺的零刻划线是竖盘读数的指标线。如果望远镜视线水平，竖盘读数应为 90° 或 270°，这个读数称为起始读数。当望远镜上下转动瞄准不同高度的目标时，竖盘随着转动，而指标线不动，因而可读得不同位置的竖盘读数，用以计算不同高度目标，光学经纬仪的竖盘是由玻璃制成，度盘刻划的注记有顺时针方向与逆时针方向两种（0°~360°），如图2-16所示。现在国产DJ$_2$、DJ$_6$型经纬仪的竖盘注记多为图2-16（a）的形式。

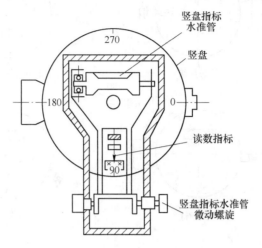

图2-15　竖直度盘的构造

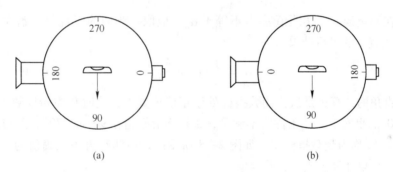

（a） 　　　　　　　　　　　 （b）

图2-16　竖直度盘刻度标记

（a）顺时针刻划；（b）逆时针刻划

2.4.2　竖直角计算公式

由于竖盘注记形式不同，竖直角计算的公式也不一样。因此在测量竖直角之前，应先正确确定竖直角的计算公式，才能计算出正确的竖直角。现以顺时针注记的竖盘为例，来推导竖直角的计算公式。

如图2-17（a）所示，望远镜位于盘左位置，当视准轴水平、竖盘指标管水准气泡居中时竖盘读数为90°；当望远镜抬高一个角度 α 照准目标、竖盘指标管水准气泡居中时，竖盘读数设为 L，则盘左观测的竖直角为

$$\alpha_L = 90° - L \tag{2-7}$$

如图2-17（b）所示，纵转望远镜于盘右位置，当视准轴水平、竖盘指标管水准气泡居中时，竖盘读数为270°；当望远镜抬高一个角度 α 照准目标、竖盘指标管水准气泡居中时，竖盘读数设为 R，则盘右观测的竖直角为

$$\alpha_R = R - 90° \tag{2-8}$$

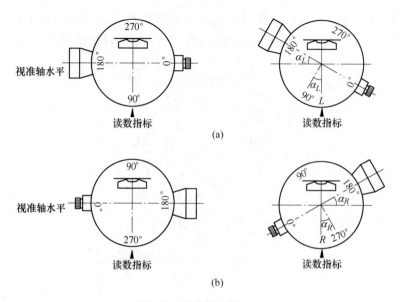

(a)

(b)

图 2-17　竖直角计算公式

由于存在测量误差，实测值 α_L 常不等于 α_R，应取一测回的竖直角（盘左、盘右的平均值）作为竖直角的最后结果。即：

$$\alpha = \frac{1}{2}(\alpha_L + \alpha_R) \tag{2-9}$$

上述竖直角的计算，是认为读数指标处于正确位置上，此时盘左始读数为 90°，盘右始读数为 270°。事实上，此条件常不满足，指标不恰好指在 90°或 270°，而与正确位置相差一个小角 x，x 称为竖盘指标差，如图 2-18 所示。设所测竖直角正确值为 α，则考虑指标差 x 时的竖直角计算公式为：

$$盘左\qquad \alpha = (90 + x) - L = \alpha_L + x \tag{2-10}$$

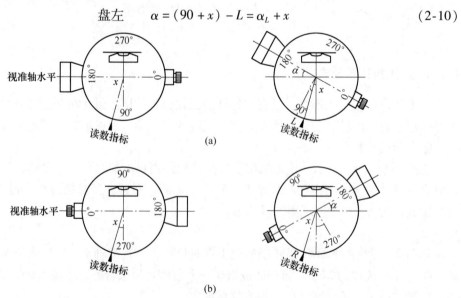

(a)

(b)

图 2-18　竖盘指标差

$$\text{盘右} \qquad \alpha = R - (270 + x) = \alpha_R - x \qquad\qquad (2\text{-}11)$$

将式（2-10）减去式（2-11）可以求出指标差 x：

$$x = \frac{1}{2}(\alpha_R - \alpha_L) = \frac{1}{2}(R + L - 360°) \qquad\qquad (2\text{-}12)$$

取盘左盘右所测竖直角的平均值可以消除指标差的影响：

$$\alpha = \frac{1}{2}\left[(\alpha_L + x) + (\alpha_R - x)\right] = \frac{1}{2}(\alpha_L + \alpha_R) \qquad\qquad (2\text{-}13)$$

一般在同一测站上，同一台仪器在同一操作时间内的指标差应该是相等的。但由于观测误差的存在，指标差会发生变化，因此指标差互差反映了观测成果的质量。对于 DJ$_6$ 型光学经纬仪，规范规定同一测站上不同目标的指标差互差或同方向各测回指标差互差不应超过 25″。当允许半测回测定竖直角时，可先测定指标差，然后按照式（2-10）或式（2-11）计算竖直角。

2.4.3 竖直角观测

竖直角观测步骤为：

（1）仪器安置于测站点上，用小钢尺量出仪器高度。

（2）盘左瞄准目标点 A，使十字丝中丝精确地切于目标顶端。读取竖盘读数 L 记入竖直角观测手簿中，见表 2-4。

（3）盘右位置再次瞄准目标点 A，读取竖盘读数 R，记入竖直角观测手簿中，见表2-4。

按照所确定的计算公式计算出竖直角。以上盘左、盘右构成一个测回。同理观测出 B 点。

表 2-4 竖直角观测手簿

测站	目标	盘位	竖盘读数	半测回竖直角	指标差	一测回竖直角
1	2	3	4	5	6	7
O	A	左	81°18′42″	+8°41′18″	+6″	+8°41′24″
		右	278°41′30″	+8°41′30″		
	B	左	124°03′30″	−34°03′30″	+12″	−34°03′18″
		右	235°56′54″	−34°03′06″		

2.5 角度测量误差及其消减方法

进行角度测量不可避免地会产生误差。研究其误差的来源、性质，以便使用适当的措施和观测方法提高角度测量的精度。角度测量误差来源主要有仪器误差、观测误差和定外界条件的影响。

2.5.1 仪器误差

仪器误差主要是指仪器检校后残余误差和仪器零部件加工不够完善引起的误差，主要有下列几种。

（1）视准轴误差。望远镜视准轴不垂直于横轴时，其偏离垂直位置的角值 C 称为视准差或照准差。在观测过程中，通过盘左、盘右两个位置观测取平均值可以消除此项误差的影响。

（2）横轴误差。当竖轴铅垂时，横轴不水平，而有一偏离角度 i，称为横轴误差或支架差。与视准轴不垂直横轴的误差一样，横轴不垂直于竖轴的误差通过盘左、盘右观测取平均值，可以消除此项误差的影响。

（3）竖轴误差。观测水平角时，仪器竖轴不处于铅垂方向，而有一偏离 δ 角度，称为竖轴误差。竖轴倾斜误差不能用正倒镜观测取平均值的方法消除。因此，角度测量前应精确检校照准部水准管以确保水准管轴与竖轴垂直。角度测量时，经纬仪精确整平。观测过程中，水准管气泡偏歪不得大于 1 格，发现气泡偏歪超过 1 格时要重新整平，重测该测回。特别在山区观测、各目标竖直角相差又较大时应特别注意。

（4）竖盘指标差。竖盘指标差主要对观测竖直角产生影响，与水平角测量无关。指标差产生的原因：对于具有竖盘指标水准管的经纬仪，可能是气泡没有严格居中或检校后有残余误差；对于具有竖盘指标自动归零的经纬仪，可能是归零装置的平行玻璃板位置不正确。但是从式（2-13）可看出，采用正倒镜观测取平均值可消除竖盘指标差对竖直角的影响。

（5）度盘偏心差。度盘偏心差是由仪器零部件加工安装不完善引起的，有水平度盘偏心差和竖直度盘偏心差两种。

水平度盘偏心差是由于照准部旋转中心与水平度盘圆心不重合而引起指标读数的误差。在正倒镜观测同一目标时，指标线在水平度盘上的位置具有对称性，所以也可用正倒镜观测取平均值予以减小误差。

竖直度盘偏心差是指竖盘的圆心与仪器横轴中心线不重合带来的误差，此项误差很小，可以忽略不计。

（6）度盘刻画不均匀的误差。在目前精密仪器制造工艺中，这项误差一般也很小。为了提高测角精度，采用各测回之间变换度盘位置，可以消除度盘刻画不均匀的误差的影响。用变换度盘位置还可避免相同度盘读数发生误差，得到新的度盘读数与分微尺读数，从而提高测角精度。

2.5.2 观测误差

（1）对中误差。测量角度时，经纬仪应安置在测站上。若仪器中心与测站不在同一铅垂线上，称为对中误差，又称为测站偏心误差，如图 2-19 所示。对中误差的影响 ε 与偏心距 e 成正比、与边长 D 成反比。并且水平角接近 180° 时，ε 角值最大。

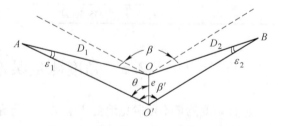

图 2-19 对中误差对水平角的影响

然而，中误差不能通过观测方法予以消除，因此在测量水平角时，对中应认真仔细。对于短边、钝角更要注意严格对中。

（2）目标偏心误差。测量水平角时，目标点若用竖立花杆作为照准点，由于立标杆很难做到严格铅直，此时照准点与地面标志不在同一铅垂线上，其差异称为目标偏心误差，瞄准点越高，误差越大。如图 2-20 所示，目标偏心误差对水平方向观测影响 ε 与照准点至地面标志间的距离 d 成正比，与边长 D 成反比。

因此，观测时应尽量使标杆竖直，瞄准时尽可能瞄准标杆基部。测角精度要求较高时，应用铅球线代替花杆。

（3）照准误差。人眼通过望远镜瞄准目标产生的误差称为照准误差，其影响因素很多，如望远镜的放大倍率、人眼的分辨力、十字丝的粗细、目标的形状与大小、目标的清晰度等。

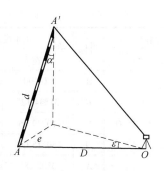

图 2-20　目标偏心误差对水平角的影响

（4）读数误差。读数误差与观测者技术熟练程度、读数窗清晰度和读数系统构造本身有关。

2.5.3　外界条件影响

观测角度是在一定的外界条件下进行的，外界条件及其变化对观测质量有直接的影响，如地面松软和大风影响仪器的稳定；日晒和温度影响水准管气泡的居中；大气层受地面热辐射影响会引起目标影像的跳动等，这些都会给观测角度带来误差。因此，要选择目标成像清晰稳定的有利时间观测，尽可能克服或避开不利条件的影响，如选择阴天或空气清晰度好的晴天进行观测，以便提高观测成果的质量。

 习　题

2-1　什么是水平角？在同一竖直面内瞄准不同高度的点在水平度盘上的读数是否一样？

2-2　观测水平角时，对中和整平的目的是什么？

2-3　经纬仪的制动螺旋和微动螺旋各有什么作用？

2-4　什么是竖直角？观测水平角和竖直角有哪些相同点和不同点？

2-5　计算以下测回法观测手簿，见表 2-5。

表 2-5　题 2-5

测回	竖盘位置	目标	水平度盘读数	半测回角度	一测回角度	各测回角度平均值
1	左	M	0°00′36″			
		N	68°42′48″			
	右	M	180°00′24″			
		N	248°42′30″			
	左	M	90°10′12″			
		N	158°52′30″			
	右	M	270°10′18″			
		N	338°52′42″			

2-6　计算以下方向观测法观测手簿，见表 2-6。

表 2-6　题 2-6

测回数	测站	目标	水平度盘读数		2c	（平均）方向值	归零后方向值	各测回归零后平均方向值	水平角值	备注
			盘左 L	盘右 R						
1	O	A	0°02′00″	180°02′18″						
		B	37°44′12″	217°44′12″						
		C	110°29′06″	290°28′54″						
		D	150°15′06″	330°14′54″						
		A	0°02′18″	180°02′24″						
2	O	A	90°03′30″	270°03′42″						
		B	127°45′36″	307°45′24″						
		C	200°30′24″	20°30′18″						
		D	240°16′24″	60°16′18″						
		A	90°03′18″	270°03′30″	−12″	90°03′24″				

2-7　计算以下竖直角观测手簿，见表 2-7。

表 2-7　竖直角观测记录

测站	目标	竖盘位置	竖盘读数	半测回竖直角	一测回竖直角	备　注
A	B	左	71°12′36″			竖盘顺时针刻划
		右	288°47′00″			

2-8　电子经纬仪的主要特点是什么？它与光学经纬仪的根本区别在哪里？

2-9　角度测量的误差有哪些？如何将其消减？

3 距 离 测 量

距离测量是指测量地面上两点之间的水平距离。根据不同的精度要求、测量工作环境和使用仪器的不同，距离测量采用的方法也不相同。本章主要介绍钢尺量距、视距测量及光电测距等。

3.1 钢 尺 量 距

当两点间距离较近、且地势平坦时，用钢尺量距较为方便。

3.1.1 钢尺量距的工具

钢尺量距主要的工具是钢卷尺，如图 3-1 所示。由于尺的零点位置不同，有端点尺和刻划尺的区别。端点尺是以尺的最外端作为尺的零点，如图 3-2（a）所示，刻线尺是以尺前端的一刻线（通常有指向箭头）作为尺的零点，如图 3-2（b）所示。其他辅助工具有花杆、测钎、垂球等，如图 3-3 所示。花杆、测钎用于直线定线及标定所量尺段的起、止点。垂球用于在不平坦地面丈量时将钢尺的端点垂直投影到地面。此外，在钢尺精密量距中还有弹簧秤和温度计、尺夹，用于对钢尺施加规定的拉力和测定量距时的温度，以便对钢尺丈量的距离施加温度改正；尺夹用于安装在钢尺末端，以方便持尺员稳定钢尺。

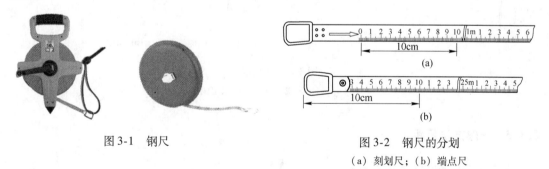

图 3-1　钢尺　　　　　　　　　　　　图 3-2　钢尺的分划
　　　　　　　　　　　　　　　　　　　（a）刻划尺；（b）端点尺

3.1.2 直线定线

水平距离测量时，当地面上两点间的距离较长，一整尺不能量完，或地势起伏较大，无法用整尺段完成测量时，需要在两点间标定出若干个点，使其位于一条直线上，然后分段测量，这项工作称为直线定线。

按精度要求的不同，直线定线有目估定线和经纬仪定线两种。前者使用测钎或标杆按三点一线定线，用于一般量距，如图 3-4（a）所示。精度要求较高时，可采用经纬仪定线，如图 3-4（b）所示。

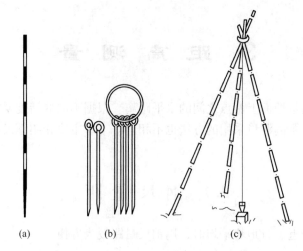

图 3-3　钢尺量距辅助工具

（a）花杆；（b）测钎；（c）垂球

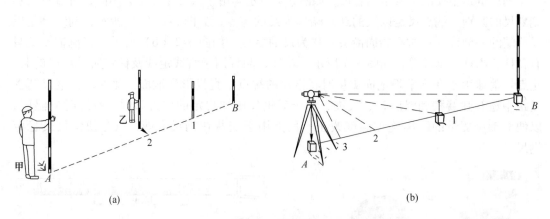

图 3-4　直线定线

（a）目估定线；（b）经纬仪定线

3.1.3　一般方法量距

3.1.3.1　平坦地段距离丈量

如图 3-5 所示，若丈量两点间的水平距离 D_{AB}，后司尺员持尺零端位于起点 A，前司尺员持尺末端、测钎和花杆沿直线方向前进，至一整尺段时，竖立花杆；由后尺手指挥定线，将标杆插在 AB 直线上；将尺平放在 AB 直线上，两人拉直、拉平尺子，前司尺员发出"预

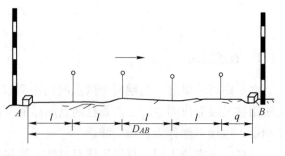

图 3-5　平坦地段距离丈量

备"信号，后司尺员将尺零刻划对准 A 点标志后，发出丈量信号"好"，此时前司尺员把

测钎对准尺子终点刻划垂直插入地面，这样就完成了第一尺段的丈量。同法继续丈量直至终点。每量完一尺段，后司尺员拔起后面的测钎再走。最后不足一整尺段的长度称为余尺段，丈量时，后司尺员将零端对准最后一只测钎，前司尺员以 B 点标志读出余长 q，读至 mm。后司尺员"收"到 n（整尺段数）只测钎，A、B 两点间的水平距离 D_{AB} 按下式计算：

$$D_{AB} = nl + q \tag{3-1}$$

式中　l——尺长；

　　　n——整尺段数；

　　　q——不足一尺段的余长。

以上称为往测。为了进行检核和提高精度，调转尺头自 B 点再丈量至 A 点，称为返测。往返各丈量一次称为一个测回。量距精度以相对误差 K 来表示，通常化为分子为 1 的分数形式。相对误差用下式表示：

$$K = \frac{\Delta D}{D_{\text{平}}} = \frac{1}{\Delta D / D_{\text{平}}} \tag{3-2}$$

如果量距的相对较差没有超过规定，可取距离往、返丈量的平均值作为两点间的水平距离，即：

$$D = (D_{\text{往}} + D_{\text{返}}) / 2 \tag{3-3}$$

3.1.3.2　倾斜地区的距离丈量

在倾斜地面上丈量距离，视地形情况可采用水平量距法或倾斜量距法。

当地势起伏不大时，可将钢尺拉平丈量，称为水平量距法。如图 3-6（a）所示，丈量由 A 点向 B 点进行。后司尺员将钢尺零端点对准 A 点标志中心，前司尺员将钢尺抬高，并且目估使钢尺水平，然后用垂球尖将尺段的末端投影到地面上，插上测钎。量第二段时，后司尺员用零端对准第一根测钎根部，前司尺员同法插上第二个测钎，依次类推直到 B 点。

倾斜地面的坡度均匀时，可以沿着斜坡丈量出 AB 的斜距 S，测出地面倾斜角 α 或 A、B 两点的高差 h，然后计算 AB 的水平距离 D，如图 3-6（b）所示，称为倾斜量距法。

$$D = S\cos\alpha = \sqrt{S^2 - h^2} \tag{3-4}$$

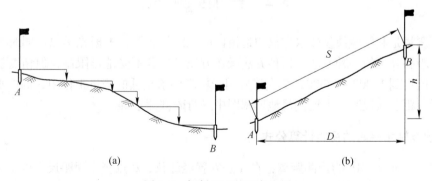

(a)　　　　　　　　　　　　(b)

图 3-6　倾斜地区的距离丈量

3.1.4　精密方法量距

用一般方法量距，其相对误差只能达到 1/1000 ~ 1/5000，当要求量距的相对误差更小时，例如 1/10000 ~ 1/40000，就应使用精密方法丈量。精密方法量距的主要工具为钢尺、弹簧秤、温度计、尺夹等。其中钢尺应经过检验，并得到其检定的尺长方程式。随着电磁波测距仪的逐渐普及，现在，测量人员已经很少使用钢尺精密方法丈量距离，需要了解这方面内容的读者请参考有关的书籍。

3.1.5　钢尺量距的误差分析及注意事项

钢尺量距的主要误差来源有下列几种：

（1）尺长误差。如果钢尺的名义长度和实际长度不符，则产生尺长误差。尺长误差具有积累性，丈量的距离越长，误差越大。因此新购置的钢尺应经过检定，测出其尺长改正值。

（2）温度误差。钢尺的长度随温度而变化，当丈量时的温度与钢尺检定时的标准温度不一致时，将产生温度误差。按照钢的膨胀系数计算，温度每变化 1℃、丈量距离为 30m 时对距离的影响为 0.4mm。

（3）钢尺倾斜和垂曲误差。在高低不平的地面上采用钢尺水平法量距时，钢尺不水平或中间下垂而成曲线时，都会使量得的长度比实际长度大。因此丈量时应注意钢尺水平，整尺段悬空时中间应有人托住钢尺，否则会产生不容忽视的垂曲误差。

（4）定线误差。丈量时钢尺没有准确地放置在所量距离的直线方向上，使所量距离不是直线而是一组折线，造成丈量结果偏大，这种误差称为定线误差。丈量 30m 的距离，当偏差为 0.25m 时，量距偏大 1mm。

（5）拉力误差。钢尺在丈量时所受拉力应与检定时的拉力相同。若拉力变化 ±2.6kg，尺长将改变 ±1mm。

（6）丈量误差。丈量时在地面上标志尺端点位置处插测钎不准、前后尺手配合不佳、余长读数不准等都会引起丈量误差，这种误差对丈量结果的影响可正可负，大小不定。在丈量中要尽量做到对点准确，配合协调。

3.2　视 距 测 量

视距测量是利用经纬仪或水准仪望远镜内的视距丝装置，根据光学原理同时测定地面两点间平距和高差的一种方法。这种方法操作方便迅速且不受地形限制，但精度较低，相对误差仅能达到 1/200 ~ 1/300，只允许应用于精度要求较低的测量工作中，例如水准测量中测定后视距、前视距；大比例尺地形测图中进行碎部测量等。

3.2.1　视准轴水平时的视距计算公式

如图 3-7 所示，AB 为待测距离，在 A 点安置经纬仪，B 点竖立视距尺，设望远镜视线水平，瞄准 B 点的视距尺，此时视线与视距尺垂直。

图 3-7 中，$p = nm$ 为望远镜上、下视距丝的间距，$l = NM$ 为视距间隔，f 为望远镜物

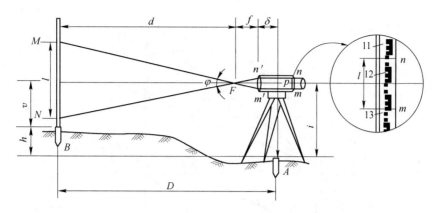

图 3-7 视线水平时的视距测量原理

镜焦距，δ 为物镜中心到仪器中心的距离。

由于望远镜上、下视距丝的间距 P 固定，因此从这两根丝引出去的视线在竖直面内的夹角 ϕ 也是固定的。设由上、下视距丝 n、m 引出去的视线在标尺上的交点分别为 N、M，则在望远镜视场内可以通过读取交点的读数 N、M 求出视距间隔 l。

由于 $\triangle n'm'F$ 相似于 $\triangle NMF$，所以有 $\dfrac{d}{f} = \dfrac{l}{p}$，则

$$d = \frac{f}{p}l \tag{3-5}$$

由公式（3-5）和图 3-7 得

$$D = d + f + \delta = \frac{f}{p}l + f + \delta \tag{3-6}$$

令 $K = \dfrac{f}{p}, C = f + \delta$

$$D = Kl + C \tag{3-7}$$

式中 K——视距乘常数，通常仪器构造上使 $K = 100$；

  C——视距加常数，通常设计为零。

故

$$D = Kl = 100l \tag{3-8}$$

由图 3-7 还可知，A、B 两点间的高差 h 为

$$h = i - v \tag{3-9}$$

式中 i——仪器高，m；

  v——十字丝中丝在视距尺上的读数，即中丝读数。

3.2.2 视线倾斜时的视距测量公式

在地面起伏较大的地区进行视距测量时，必须使视线倾斜才能读取视距间隔，如图 3-8 所示。由于视线不垂直于视距尺，故不能直接应用上述公式。如果能将视距间隔 MN 换算为与视线垂直的视距间隔 $M'N'$，这样就可按公式（3-8）计算倾斜距离 S，再根据 S 和竖直角 α 算出水平距离 D 和高差 h。因此，解决这个问题的关键在于求出 MN 与 $M'N'$ 之

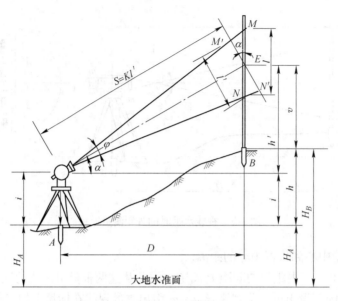

图 3-8　视线倾斜时视距测量原理

间的关系。图中 φ 很小，约为34′，故可把 $\angle EM'M$ 和 $\angle EN'N$ 近似地视为直角，而 $\angle M'EM = \angle N'EN = \alpha$，因此由图可看出 MN 和 $M'N'$ 的关系如下：

$$M'N' = M'E + EN'$$
$$= ME\cos\alpha + EN\cos\alpha$$
$$= (ME + EN)\cos\alpha$$
$$= MN\cos\alpha \tag{3-10}$$

设 $M'N'$ 为 l'，则

$$l' = l\cos\alpha \tag{3-11}$$

根据式（3-8）得倾斜距离

$$S = Kl' = Kl\cos\alpha \tag{3-12}$$

所以 A、B 的水平距离

$$D = S\cos\alpha = Kl\cos^2\alpha \tag{3-13}$$

由图 3-8 中看出，A、B 间的高差 h 为

$$h = h' + i - v \tag{3-14}$$

式中，h' 为初算高差，可按下式计算：

$$h' = S\sin\alpha = Kl\cos\alpha\sin\alpha$$
$$= \frac{1}{2}Kl\sin^2\alpha$$

所以

$$h = \frac{1}{2}Kl\sin^2\alpha + i - v \tag{3-15}$$

根据式（3-13）计算出 A、B 间的水平距离 D 后，高差 h 也可按下式计算：

$$h = D\tan\alpha + i - v \tag{3-16}$$

在实际工作中，应尽可能使瞄准高 v 等于仪器高 i，以简化高差的计算。

3.2.3 视距测量的施测

视距测量步骤如下：

（1）如图 3-8 所示，安置仪器于测站 A 上。

（2）量取仪器高 i。

（3）将视距尺立于 B 点上，观测读数：中丝读数 v、视距 Kl、竖盘盘左读数 L，或采用一测回观测，读取竖盘盘左、盘右的读数 L、R，然后按公式计算竖直角 α。

（4）按公式计算平距、高差和高程。

3.2.4 视距测量注意事项

视距测量的注意事项有：

（1）为减少垂直折光的影响，观测时应尽可能使视线离地面 1m 以上。

（2）作业时，要将视距尺竖直，并尽量采用带有水准器的视距尺。

（3）读取竖盘读数时应严格消除指标差，以减小对高差的影响。

（4）视距尺一般应是厘米刻划的整体尺。如果使用塔尺，应注意检查各节尺的接头是否准确。

（5）要在成像稳定的情况下进行。

3.3 光 电 测 距

3.3.1 光电测距原理

光电测距时利用光在空气中的传播速度为已知这一特性，测定光波在被测距离上往返传播的时间来间接求得距离值。这种方法测程远，不受地形限制，劳动强度低，精度高，操作简便，作业速度快，目前被广泛使用。

测距仪测距的基本原理分为脉冲式和相位式两种。

（1）脉冲式测距仪测距原理。如图 3-9 所示，欲测定 A、B 两点间的距离 D，可在 A 点安置能发射和接收光波的光电测距仪，在 B 点设置反射棱镜。光电测距仪发出的光束经棱镜反射后，又返回到测距仪。

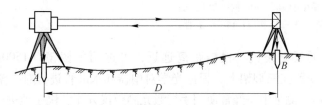

图 3-9 脉冲式光电测距原理

由于光波在大气中的传播速度。已知，只要测出光波在 AB 之间的传播时间 t，则

$$D = \frac{1}{2}ct \tag{3-17}$$

式中，$c = c_0/n$，c_0 为真空中的光速值，其值为 $(299792458 \pm 1.2)\text{m/s}$；$n$ 为大气折射率。

可见，脉冲式测距仪是直接测定测距仪发出的光脉冲在待测距离上往返传播的时间间隔的，由于精确测定光波往返传播时间较为困难，故测距精度较低。高精度的测距仪，一般采用相位式。

（2）相位式光电测距仪测距原理。相位式测距仪是通过测定测距仪发出的连续调制光波在待测距离上往返传播所产生的相位差，间接测得时间，测距精度较高。由光源发出的光通过调制器后，成为光强随高频信号变化的调制光，经发射器发射出去，沿待测距离传播至反射器后返回，由接收器接收得到测距信号。测距信号经放大、整形后，送到相位计，与发射时刻送到相位计的起始信号进行相位比较，得出发射时刻与接收时刻调制光波的相位差，然后解算距离。

3.3.2　光电测距仪

如图 3-10 为博飞公司生产的 D3030E 型光电测距仪，其构造主要包括测距主机（见图 3-10）、反射棱镜（见图 3-11）、电源和充电设备等附件。测距仪测出的是斜距，所以测距仪一般要与经纬仪一起使用。测距主机通过连接器可以安置在经纬仪上部和经纬仪望远镜一起转动进行测距、测角，如图 3-12 所示。

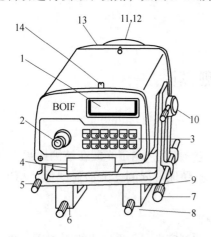

图 3-10　D3030E 型光电测距仪

1—显示器；2—望远镜；3—键盘；4—电池；
5—水平调整手轮；6—座架；7—俯仰调整手轮；
8—座架固定手轮；9—间距调整螺丝；10—俯仰锁定手轮；
11—物镜；12—物镜罩；13—232 接口；14—粗瞄器

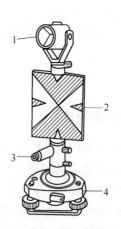

图 3-11　反射棱镜图

1—棱镜；2—觇牌；
3—对中器目镜；4—基座

配合主机测距的反射棱镜，根据距离远近，可选用单棱镜（1500m 内）或三棱镜（2500m 内），棱镜安置在三脚架上，根据光学对中器和水准管进行对中整平。

在建筑施工与房产测量中，经常使用手持激光测距仪方便、快速地进行距离、面积和体积的测量。图 3-13 为徕卡公司生产的 DISTO D3 手持激光测距仪。该仪器的主要功能有：

（1）能进行距离、面积、体积的测量。

（2）能利用勾股定理测三角。

（3）在室内和室外都能进行测量。

（4）可自动选择公制和英制测量标准。

（5）可根据需要选择机器顶部和底部作为测量标准。

（6）拥有加减计算功能。

（7）可存储最后 50 组数据。

（8）可以进行连续测量。

（9）可以进行最大最小值测量。

图 3-12　组合式测距仪

图 3-13　DISTO D3 手持激光测距仪

3.4　直 线 定 向

为了确定地面上两点之间的相对位置，除了测量两点之间的水平距离外，还必须确定该直线与标准方向之间的水平夹角。确定直线与标准方向之间的水平夹角称为直线定向。

3.4.1　标准方向

（1）真子午线方向。通过地球表面某点的真子午线的切线方向，称为该点的真子午方向。真子午线方向是用天文测量方法或用陀螺经纬仪来测定。

（2）磁子午线方向。通过地球南北两个磁极的子午线，称为磁子午线。过磁子午线上任意一点的切线方向，称为该点的磁子午线方向。它也是磁针在该点自由静止时的指向，故可用罗盘仪来测定。

（3）坐标纵轴方向。在高斯平面直角坐标系中，坐标纵轴方向就是地面点所在投影带的中央子午线方向。在同一投影带内，各点的坐标纵轴方向是彼此平行的。

3.4.2　方位角与象限角

3.4.2.1　方位角

从标准方向的北端起，顺时针方向量至某一直线的水平夹角，称为该直线的方位角。其取值范围是 $0° \sim 360°$。如图 3-14 所示，若标准方向 AN 为真子午线方向，则方位角定义为真方位角，用 A 表示；同理以磁子午线方向为标准方向定义的方位角，称为磁方位角，一般用 A_m 表示；以坐标纵轴方向为标准方向定义的方位角，称为坐标方位角，用 α 表示。

由于地球的南北两极与地球的南北两磁极不重合，所以地面上同一点的真子午线方向与磁子午线方向是不一致的，两者间的水平夹角称为磁偏角，用 δ 表示。过同一点的真子午线方向与坐标纵轴方向的水平夹角称为子午线收敛角，用 γ 表示。以真子午线方向北端为基准，磁子午线和坐标纵轴方向偏于真子午线以东称为东偏，δ、γ 为正；偏于西侧称为西偏，δ、γ 为负。不同点的 δ、γ 值一般是不相同的。如图 3-14 所示情况，直线 AB 的三种方位角之间的关系如下：

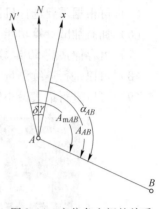

$$\left.\begin{array}{l} A = A_{\mathrm{m}} + \delta \\ A = \alpha + \gamma \\ \alpha = A_{\mathrm{m}} + \delta - \gamma \end{array}\right\} \tag{3-18}$$

图 3-14　方位角之间的关系

3.4.2.2　象限角

某一直线与标准方向所夹的锐角，称为该直线的象限角。它是由标准方向的北端或南端起，顺时针或逆时针量至该直线的锐角，其角值范围为 $0° \sim 90°$。

因为象限角的数值均在 $0° \sim 90°$ 之间，所以若用象限角定向时，除了需要知道它的大小数值外，还需知道其所在象限的名称。如图 3-15 所示，OA 的象限角为北东（NE）；OB 的象限角为南东（SE）；OC 的象限角为南西（SW）；OD 的象限角为北西（NW）。

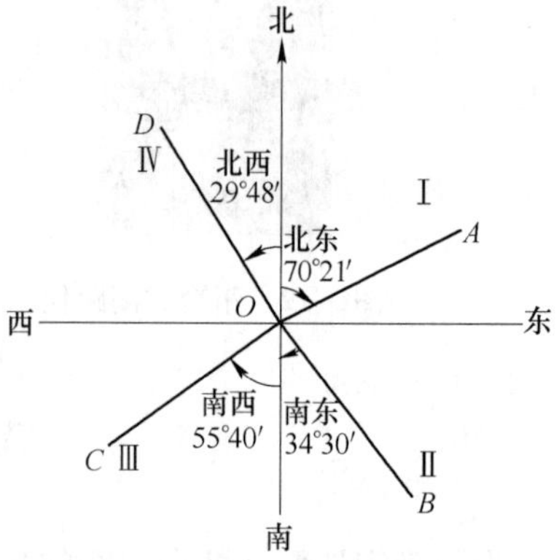

3.4.2.3　象限角和坐标方位角之间的转换

显然，如果知道了直线的坐标方位角，就可以换算出它的象限角，反之，知道了象限角也就可以推算出坐标方位角，见表 3-1。

图 3-15　象限角的定义

表 3-1　坐标方位角与象限角的换算关系

象　限	坐标增量	由坐标方位角推算坐标象限角	由坐标象限角推算坐标方位角
北东（NE）第 I 象限	$\Delta x > 0,\ \Delta y > 0$	$R = \alpha$	$\alpha = R$
南东（SE）第 II 象限	$\Delta x < 0,\ \Delta y > 0$	$R = 180° - \alpha$	$\alpha = 180° - R$
南西（SW）第 III 象限	$\Delta x < 0,\ \Delta y < 0$	$R = \alpha - 180°$	$\alpha = 180° + R$
北西（NW）第 IV 象限	$\Delta x > 0,\ \Delta y < 0$	$R = 360° - \alpha$	$\alpha = 360° - R$

注：α 为坐标方位角，R 为象限角。

3.4.3　正反坐标方位角

测量工作中的直线都是具有一定方向的。如图 3-16 所示，直线 AB 的点 A 是起点，B 点是终点，直线 AB 的坐标方位角 α_{AB}，称为直线 AB 的正坐标方位角；直线 BA 的坐标方位角 α_{BA}，称为直线 AB 的反坐标方位角，也是直线 BA 的正坐标方位角。α_{AB} 与 α_{BA} 相差180°，互为正、反坐标方位角。即

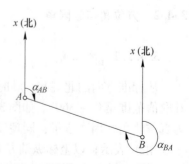

图 3-16　正反坐标方位角

$$\alpha_{BA} = \alpha_{AB} \pm 180° \tag{4-19}$$

3.4.4　坐标方位角的推算

为了整个测区坐标系统的统一，测量工作中并不直接测定每条边的方向，而是通过与已知点（其坐标为已知）的连测，来推算出各边的坐标方位角。如图 3-17 所示，B、A 为已知点，AB 边的坐标方位角 α_{AB} 为已知，通过连测求得 $A\text{-}B$ 边与 $A\text{-}1$ 边的夹角为 β'，测出了各点的右（或左）角 β_A、β_1、β_2 和 β_3，现在要推算 $A\text{-}1$、$1\text{-}2$、$2\text{-}3$ 和 $3\text{-}A$ 边的坐标方位角。所谓右（或左）角是指位于以编号顺序为前进方向的右（或左）边的角度。由图 3-17 可以看出

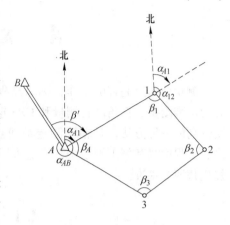

图 3-17　方位角的推算

$$\alpha_{A1} = \alpha_{AB} + \beta'$$
$$\alpha_{12} = \alpha_{1A} - \beta_{i(右)} = \alpha_{A1} + 180° - \beta_{1(右)}$$
$$\alpha_{23} = \alpha_{12} + 180° - \beta_{2(右)}$$
$$\alpha_{3A} = \alpha_{23} + 180° - \beta_{3(右)}$$
$$\alpha_{A1} = \alpha_{3A} + 180° - \beta_{A(右)}$$

将算得的 α_{A1} 与原已知值进行比较，以检核计算中有无错误。计算中，如果 $\alpha + 180°$ 小于 $\beta_{(右)}$，应先加 $360°$ 再减 $\beta_{(右)}$。

如果用左角推算坐标方位角，由图 3-17 可以看出

$$\alpha_{12} = \alpha_{A1} + 180° + \beta_{1(左)}$$

计算中如果 α 值大于 $360°$，应减去 $360°$，同理可得

$$\alpha_{23} = \alpha_{12} + 180° + \beta_{2(左)}$$

从而可以写出推算坐标方位角的一般公式为

$$\alpha_{前} = \alpha_{后} + 180° \pm \beta$$

式中，β 为左角取正号，为右角取负号。

 ## 习　题

3-1　钢尺往、返丈量了一段距离，其平均值为 184.26m，要求量距的相对误差为 $\dfrac{1}{5000}$。问往、返丈量距离之差不能超过多少？

3-2　何为钢尺的名义长度？钢尺检定的目的是什么？

3-3　视距测量时应注意什么？

3-4　象限角与方位角的定义是什么？象限角与坐标方位角存在什么关系？

3-5　已知 $\alpha_{AB} = 100°02'24''$，$\alpha_{BA}$ 为多少？

4 高 程 测 量

测量地面点高程的工作，称为高程测量。高程测量按使用的仪器和施测方法的不同，分为水准测量、三角高程测量和 GPS 拟合高程测量。水准测量是高程测量中最基本的和精度较高的一种方法，是精确测定地面点高程的一种主要方法。因此，在国家高程控制测量、工程勘测和施工测量中被广泛采用。在地势起伏变化较为明显的地区可以采用三角高程代替四等水准。

4.1 水准测量原理

4.1.1 水准测量基本原理

水准测量原理是利用水准仪提供的一条水平视线，借助竖立在地面点上的水准尺，直接测定地面两点间的高差，从而由已知点高程及测得的高差求出待测点高程。

如图 4-1 所示，欲测定 A、B 两点间的高差 h_{AB}，可在 A、B 两点之间分别竖立水准尺，在 A、B 之间安置水准仪。利用水准仪的水平视线，分别读取 A 点水准尺上的读数 a 和 B 点水准尺上的读数 b，则 A、B 两点高差为：

$$h_{AB} = a - b \tag{4-1}$$

水准测量方向是由已知高程点开始向待测点方向进行。在图 4-1 中，A 为已知点，B 为待测点，则 A 尺上读数 a 称为后视读数，B 尺上读数 b 称为前视读数。

由图 4-1 可知：

若 $a > b$，则 h 为正；

若 $a < b$，则 h 为负；

若 $a = b$，则 h 为零。

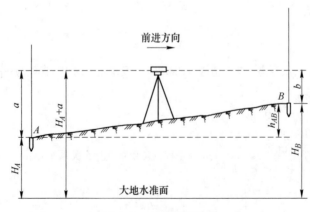

图 4-1　水准测量原理

若已知 A 点高程为 H_A，则 B 点高程为：

$$H_B = H_A + h_{AB} = H_A + (a - b) \tag{4-2}$$

由图 4-1 可以看出，B 点高程还可通过仪器的视线高程 H_i 来计算，即

$$\left.\begin{array}{l} H_i = H_A + a \\ H_B = H_i - b \end{array}\right\} \tag{4-3}$$

由式（4-2）直接用高差计算 B 点的高程，称为高差法；式（4-3）是利用仪器视线高程 H_i 计算 B 点高程，称为视线高法。当安置一次仪器要求测出几个点的高程时，视线高法比高差法方便。由此可见，水准测量的实质是测定地面两点间的高差，然后通过已知点的高程，求出未知点的高程。

4.1.2 连续水准测量

当两点相距较远或高差太大时，则可分段连续进行，如图 4-2 所示。

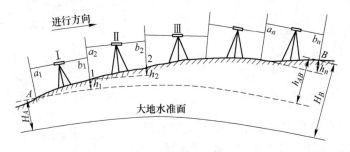

图 4-2 连续水准测量

把进行观测中每安置一次仪器观测两点间的高差，称为测站。立标尺的点 1、2、…称为转点，转点的作用是传递高程，转点上产生的任何差错，都会影响到以后所有点的高程。第一个测站测完后，随即将水准仪移至下一个测站，称为迁站。迁站时，将 A 点的水准尺前移至转点 2 上作为前视尺，第一测站的前视尺在转点 1 原处不动（将尺面反转过来即可），作为第二测站的后视，继续观测。

从图 4-2 中可得：

$$\begin{aligned} h_1 &= a_1 - b_1 \\ h_2 &= a_2 - b_2 \\ &\vdots \\ \underline{h_n = a_n - b_n} \\ h_{AB} &= \sum h = \sum a - \sum b \end{aligned} \tag{4-4}$$

从公式（4-4）可以看出：

（1）每一站的高差等于此站的后视读数减去前视读数。

（2）起点到终点的高差等于各段高差的代数和，也等于后视读数之和减去前视读数之和。通常要同时用 $\sum h$ 和（$\sum a - \sum b$）进行计算，用来检核计算是否有误。

当然水准测量的目的不是仅仅为了获得两点的高差，而是要求得一系列点的高程，例如测量沿线的地面起伏情况。这些利用水准测量方法获取高程的点称为水准点（Bench Mark），简记为 BM。在实际观测中可将已知高程的水准点和待求高程的水准点布设成一定

形式的水准路线。

4.1.3　水准点

为了统一全国的高程系统和满足各种测量的需要，测绘部门在全国各地埋设并测定了很多水准点。水准点有永久性和临时性两种。国家等级水准点如图4-3所示，一般用石料或钢筋混凝土制成，深埋到地面冻结线以下。在标石的顶面设有用不锈钢或其他不易锈蚀的材料制成的半球状标志。有些水准点也可设置在稳定的墙脚上，称为墙上水准点，如图4-4所示。

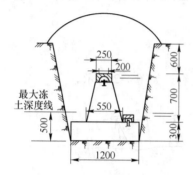

图 4-3　国家级埋石水准点

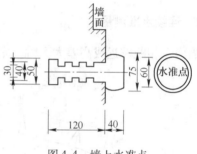

图 4-4　墙上水准点

工地上的永久性水准点一般用混凝土或钢筋混凝土制成，其式样如图4-5（a）所示。临时性的水准点可用地面上突出的坚硬岩石或用大木桩打入地下，桩顶钉以半球形铁钉，如图4-5（b）所示。

埋设水准点后，应绘出水准点与附近固定建筑物或其他地物的关系图，在图上还要写明水准点的编号和高程，称为点之记，以便于日后寻找水准点位置之用。水准点编号前通常加 BM 字样，作为水准点的代号。

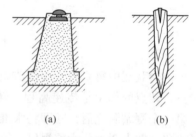

图 4-5　常用永久性水准点和临
时性水准点

4.1.4　水准路线

水准路线就是由已知水准点开始或在两已知水准点之间按一定形式进行水准测量的测量路线，根据测区已有水准点的实际情况和测量的需要以及测区条件，水准路线一般可布设为如下几种形式：

（1）附合水准路线。从一个已知高程的水准点开始，沿各待测高程点进行水准测量，最后附合至另一已知水准点上，称为附合水准路线，如图4-6（c）所示。

（2）闭合水准路线。从一个已知高程的水准点开始，沿各待测高程点进行水准测量，最后又回到原水准点，称为闭合水准路线，如图4-6（b）所示。

（3）支水准路线。从一个已知高程水准点开始，沿待测的高程点进行水准测量，称为支水准路线，如图4-6（a）所示。为了检核支水准路线观测成果的正确性和提高观测精度，对于支水准路线应进行往返观测。

（4）水准网。若干条单一水准路线相互连接构成网形，称为水准网，如图4-6（d）所示，单一水准路线相互连接的点称为结点，如图4-6（d）中E、F、G点。

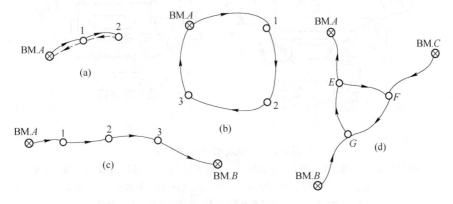

图4-6　水准路线略图

4.2　水准测量仪器与工具

水准测量所使用的仪器为水准仪，工具有水准尺和尺垫。

国产水准仪按其精度分，有DS_{05}、DS_1、DS_3及DS_{10}等几种型号。"D"和"S"表示中文"大地测量"和"水准仪"的汉语拼音的第一个字母；下标"05"、"1"、"3"、及"10"等数字表示该类仪器的精度，表示每千米水准测量的误差，单位为mm。工程测量中常使用DS_3型水准仪。

按照水准仪的构造可分为微倾式水准仪、自动安平水准仪和电子水准仪。

4.2.1　水准仪的构造

4.2.1.1　微倾式水准仪

DS_3水准仪是通过调整水准仪的微倾螺旋使水准管气泡居中，从而获得水平视线的一种仪器设备，主要由望远镜、水准器和基座三个部分组成。如图4-7所示为国产DS_3微倾式水准仪。

（1）望远镜。望远镜的作用是精确瞄准远处目标并对水准尺进行读数。其结构与经纬仪的望远镜结构基本相同，只是十字丝分划板与经纬仪不同，如图4-8所示。

（2）水准器。与经纬仪一样，水准仪的水准器也有圆水准器和管水准器两种。所不同的是水准仪的管水准器被封闭在望远镜的旁边。为了提高水准气泡居中的精度，DS_3水准仪在水准管上方装有一组棱镜，将气泡两端的半边影像反映在望远镜的符合水准器放大镜内。如两边影像错开，说明气泡不居中，可通过调节微倾螺旋使影像重合，如图4-9所示。这种水准器称为符合水准器，可提高气泡居中的精度。

（3）基座。基座的作用是支撑仪器的上部，并通过连接螺旋与三脚架连接。它主要由轴座、脚螺旋、底板和三角压板等部件构成（见图4-7）。转动脚螺旋，可使圆水准器气泡居中。

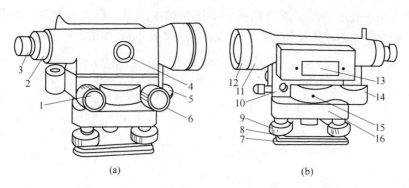

图 4-7 微倾式水准仪的构造

1—微倾螺旋；2—分划板护罩；3—目镜；4—物镜调焦螺旋；5—制动螺旋；6—微动螺旋；

7—底板；8—三角压板；9—脚螺旋；10—弹簧帽；11—望远镜；12—物镜；

13—管水准器；14—圆水准器；15—连接小螺钉；16—轴座

图 4-8 十字丝分划板

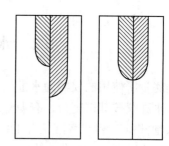

图 4-9 符合水准器

4.2.1.2 自动安平水准仪

自动安平水准仪是一种只需粗略整平即可获得水平视线读数的仪器。它与微倾式水准仪的区别在于：仪器没有水准管和微倾螺旋，而是在望远镜的光学系统中装置了补偿器。利用圆水准器粗平仪器之后，借助仪器内部自动补偿装置的作用，在十字丝交点上读得的读数便是视线水平时应得的读数。自动安平水准仪无需精平，不仅操作简便，观测迅速，而且对于观测者的操作疏忽、施工场地地面的微小震动、松软土地的仪器下沉以及大风吹刮等原因引起的视线微小倾斜，能迅速自动安平仪器，从而提高了水准测量的观测精度。近几年，自动安平水准仪已广泛使用于水准测量作业中。

A 自动安平原理

如图 4-10 所示，如果望远镜的视准轴产生了倾斜角 α，为使经过物镜光心的水平视线仍能通过十字丝交点 A，可采用以下两种工作原理设计补偿器。

（1）在望远镜光路中安置一个补偿器装置，使水平视线在望远镜分划板上所成的像点位置 B 折向望远镜十字丝中心 A，从而使十字丝中心发出的光线在通过望远镜物镜中心后成为水平视线。

（2）当视准轴稍有倾斜时，仪器内部的补偿器使得望远镜十字丝中心 A 自动移向水平视线位置 B，使望远镜视准轴与水平视线重合，从而读出视线水平时的读数。

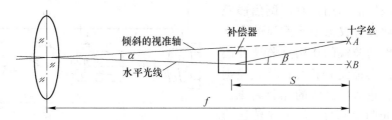

图 4-10 自动安平原理

只有当视准轴的倾斜角 α 在一定范围内时，补偿器才起作用。能使补偿器起作用的最大允许倾斜角称为补偿范围。自动安平水准仪的补偿范围一般为 $\pm 8' \sim \pm 12'$，质量较好的自动安平水准仪可达到 $\pm 15'$，圆水准器的分划值一般为 $\pm 8'/2mm$。因此，操作时只要使圆气泡居中，$2 \sim 4s$ 后趋于稳定即可读数。

B DSZ3 自动安平水准仪

图 4-11 为北京光学仪器厂生产的 DSZ3-1 型自动安平水准仪，该型号中的字母 Z 代表"自动安平"的汉语拼音的第一个字母。

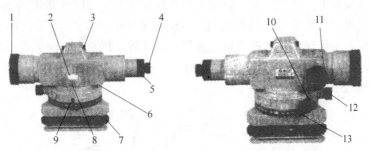

图 4-11 DSZ3-1 型自动安平水准仪

1—物镜；2—圆水准器；3—粗瞄器；4—目镜；5—保护盖；6—堵盖；7—脚螺旋；
8—调整螺钉；9—指标；10—微动螺旋；11—调焦螺旋；12—制动螺旋；13—度盘

DSZ3-1 型自动安平水准仪的自动安平机构为轴承吊挂补偿棱镜，采用空气阻尼器使补偿元件迅速稳定，设有自动安平警告指示器以判断自动安平机构是否处于正常，为观测方便，望远镜采用正像。图 4-12 为 DSZ3-1 型自动安平水准仪的望远镜视场。

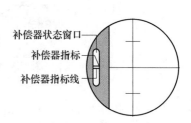

图 4-12 望远镜视场

4.2.1.3 电子水准仪

电子水准仪又称为数字水准仪。它是在自动安平水准仪的基础上发展起来的一种新型水准仪，将原有的由人眼观测读数彻底变为由光电设备自行探测视线水平时的水准尺读数。

A 电子水准仪的一般结构

电子水准仪的望远镜光学部分和机械结构与光学自动安平水准仪基本相同。图 4-13 为 NA2002 望远镜及其主要部件的结构略图，图中的部件较自动安平水准仪多了调焦发送器、补偿器监视、分光镜和行阵探测器等 8 个部件。

调焦发送器的作用是测定调焦透镜的位置，由此计算仪器至水准尺的概略视距值；补偿器监视的作用是监视补偿器在测量时的功能是否正常；分光镜则是将经由物镜进入望远镜的光分离成红外光和可见光两个部分；红外光传送给行阵探测器作为标尺图像探测的光源，可见光源穿过十字丝分划板经目镜供观测人员观测水准尺；基于 CCD 摄像原理

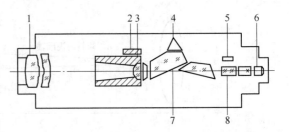

图 4-13　NA2002 望远镜及其主要部件结构图
1—物镜；2—调焦发送器；3—调焦透镜；4—补偿器监视；
5—探测器；6—目镜；7—补偿器；8—分光镜分化板

的行阵探测器是仪器的核心部件之一，由光敏二极管构成，水准尺上进入望远镜的条码图像可被分成 256 个像素，并以模拟的视频信号输出。

　　B　电子水准仪的一般原理

电子水准仪是在望远镜中装了一个行阵探测器，仪器内装有图像识别与处理系统，与之配套使用的水准尺为条形编码尺。电子水准仪摄入条形编码后，可将编了码的水准尺影像通过望远镜成像在十字丝平面上，将条码图像转变成电信号后传送给信息处理机，通过仪器内的标准代码（参考信号）进行比对。比对十字丝中央位置周围的视频信号，通过电子放大、数字化后，可得到望远镜中丝在标尺上的读数；比对上、下丝的视频信号及条码成像的比例，可得到仪器和条码尺间的视距，直接显示在显示屏上。如图 4-14 为徕卡 DNA03 数字水准仪外观及主要部件。

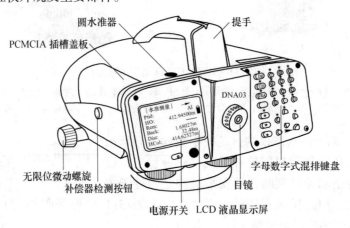

图 4-14　徕卡 DNA03 数字水准仪

电子水准仪的构造包括传统水准仪的光学系统和机械系统，因此同样可以作为光学水准仪使用，但这时的测量精度低于电子测量的精度。特别是高精度电子水准仪，由于没有光学测微器，作为普通自动安平水准仪使用时，其精度更低。

4.2.2　水准尺和尺垫

4.2.2.1　水准尺

水准尺是进行水准测量时使用的标尺，是水准测量的重要工具之一，其质量好坏直接

关系到水准测量的精度，因此水准尺常使用优质木材、玻璃钢、金属材料、玻璃纤维或铟钢制成。常用的有塔尺和双面水准尺，如图 4-15 所示，用于光学水准测量；条码水准尺，如图 4-16 所示，用于电子水准测量。

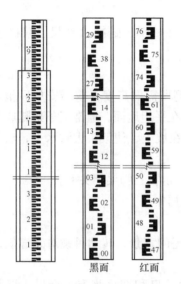

图 4-15　塔尺和双面水准尺

图 4-16　条码水准尺

（1）塔尺。塔尺是一种逐节缩小的组合尺，长度 2～5m 不等，两节或三节连接在一起，尺的底部为零，尺面上黑白格或红白格相间，每格宽度为 1cm 或 0.5cm，在米和分米处有数字注记。塔尺连接处稳定性较差，仅用于普通水准测量。

（2）双面水准尺多用于三、四等水准测量。长为 3m，尺的双面均有刻划，一面为黑白相间，称为黑面尺（也称主尺）；另一面为红白相间，称为红面尺（也称辅尺）。两面的刻划均为 1cm，在分米处注有数字。尺子底部钉有铁片，以防磨损。两根尺的黑面尺尺底均从零开始，而红面尺尺底，一根从 4.687m 开始，另一根从 4.787m 开始。水准测量中，双面水准尺必须成对使用。在视线高度不变的情况下，同一根水准尺的红面和黑面读数之差应等于常数 4.687m 或 4.787m，这个常数称为尺常数，用 K 来表示，以此检核读数是否正确。

（3）条码水准尺。一面印有条形码图案，供电子测量用，另一面和普通水准尺的刻划相同，供光学测量用。条码水准尺设计时要求各处条码宽度和条码间隔不同，以便探测器能正确测出每根条码的位置。各厂家设计的条码水准尺条码图案不相同，故不能互换使用，但其基本要求是一致的。

4.2.2.2　尺垫

如图 4-17 所示，尺垫由铁铸成，一般为三角形，其下方有三个脚，可以踩入土中，以防点位下沉。尺垫上方有一凸起的半球体，用来竖立水准尺和标志转点。

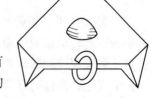

图 4-17　尺垫

4.3　水准仪的使用

4.3.1　微倾式水准仪的使用

微倾式水准仪的基本操作程序为安置仪器、粗略整平、瞄准水准尺、精确整平和读数。

（1）安置仪器。

1）在测站上松开三脚架架腿的固定螺旋，按观测所需的高度（仪器安放后望远镜与眼睛基本平齐）调整三条架腿长度，拧紧固定螺旋。在平坦地面，通常三条架腿成等边三角形安放；在倾斜地面，通常两条腿在坡下，一条腿在坡上，使架头大致水平，然后踩实架腿，使三脚架稳固。

2）打开仪器箱，取出水准仪，用中心螺旋将其固定在三脚架架头上。

（2）粗略整平。通过调节脚螺旋使圆水准器气泡居中。

（3）瞄准。

1）目镜调焦。松开制动螺旋，将望远镜转向明亮的背景，转动目镜对光螺旋，使十字丝成像清晰。

2）初步瞄准。转动望远镜，利用望远镜上方的缺口和准星瞄准水准尺，拧紧制动螺旋。

3）物镜调焦。转动物镜对光螺旋，从望远镜观察水准尺成像清晰。

4）精确瞄准。转动微动螺旋，使十字丝的竖丝瞄准水准尺的中央，如图4-18所示。

5）消除视差。视差是指眼睛在目镜端上下移动时，十字丝的中丝与水准尺影像之间相对移动的现象，这是由于水准尺的尺像与十字丝平面不重合造成的，如图4-19（a）所示。视差的存在将带来读数误差，必须予以消除。消除视差的方法是重新仔细且反复交替地转动物镜和目镜对光螺旋，直至尺与十字丝平面重合，如图4-19（b）所示。

图4-18　精确瞄准与读数

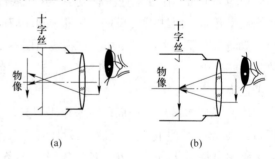

图4-19　视差现象

（4）精确整平。精确整平简称精平。眼睛观察符合水准器观察窗内的气泡影像，同时用右手缓慢地转动微倾螺旋，直到气泡两端的影像严密吻合，此时视线即为水平视线，可以读数。微倾螺旋的转动方向与左侧半气泡影像的移动方向一致，如图4-20所示。

由于气泡影像移动有惯性，在转动微倾螺旋时要慢、稳、轻，速度不宜太快，尤其是气泡两半端影像即将吻合时。

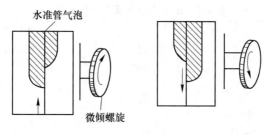

图 4-20 精确整平

（5）读数。符合水准气泡居中后，应立即用十字丝中丝在水准尺上读数。读数时先估读出毫米，然后依次读取米、分米、厘米，共四位数。遵循的原则是：从小数到大数读取，如果水准尺影像是倒像，应从上到下读取。图 4-18 中的正确读数为 1.332m，习惯上读 1332mm，读完应再检查符合水准器气泡是否居中，若不居中，应再次精平，重新读数。

4.3.2 自动安平水准仪的使用

自动安平水准仪的操作程序分四步，即安置仪器—粗略整平—瞄准水准尺—读数，其中安置仪器、粗平、瞄准与微倾式水准仪操作方法相同。读数时应注意观察自动报警窗的颜色，如果全窗为绿色可以读数，如果任意一端出现红色，说明仪器倾斜量超出自动安平补偿范围，需重新整平仪器方可读数。有的自动安平水准仪在目镜下方配有一个补偿器检查按钮，每次读数前按一下该按钮，如果目标影像在视场中晃动，说明"补偿器"工作正常，等待 2~4s 后即可读数。

4.3.3 电子水准仪的使用

电子水准仪用键盘和测量键来操作。启动仪器进入工作状态后，根据选项设置合适的测量模式，人工完成安置、粗平与瞄准目标（条形编码水准尺）后，按下测量键后约 3~4s 即显示出测量结果，测量结果可储存在仪器内或通过电缆连接存入机内记录器中。

4.4 水准测量的方法

4.4.1 普通水准测量方法

水准测量的过程中，为了保证每测站测得的高差都准确无误，一般需要进行测站的检核，测站的检核方法一般有变动仪器高法和双面尺法。

（1）变动仪器高法。在一个测站上用水准仪测得一次高差后，改变仪器高度（至少10cm），然后再测一次高差。当两次所测得的高差之差不大于 3~5mm 时，则认为观测值符合要求，取其平均值作为最后结果后方可转站；若大于 3~5mm 则需要重测。其水准测量手簿见表 4-1。

表 4-1　水准测量手簿（双仪高法）

日期：××××年×月×日　　　天气：晴　　　　　仪器编号：×××

地点：××××　　　　　观测者：×××　　　记录者：×××

编站号	点号—点号	水准尺读数		高　差	平均高差 /m	备注
		后　视	前　视			
		第一次	第一次	第一次		
		第二次	第二次	第二次		
1	BM$_A$—TP$_1$	0712	1399	−0687	−0684	
		0832	1514	−0682		
2	TP$_1$—TP$_2$	1479	1428	+0051	+0054	
		1399	1342	+0057		
3	TP$_2$—TP$_3$	1338	1674	−0336	−0333	
		1767	1437	−0330		
4	TP$_3$—TP$_4$	1354	1258	+0096	+0094	
		1140	1047	+0093		

（2）双面尺法。双面尺法是在每一个测站上，仪器高度不变，而是分别测出红面高差和黑面高差进行检核。两次测得的高差之差的容许值与变动仪器高度法相同。

4.4.2　三、四等水准测量

在等级水准测量中，为了保证测量结果的精度，不仅要考虑读数的误差，还要考虑尺垫下沉、仪器下沉、水准尺零点误差、地球曲率大气折光等误差对测量结果的影响，因此测量过程中的要求较普通水准更为复杂。本节将介绍三、四等水准测量的程序及要求。

三、四等水准点的高程应从附近的一、二等水准点引测，布设成附合或闭合水准路线，其点位应选在土质坚硬、便于长期保存和使用的地方，并应埋设水准标石。也可以利用埋设了标石的平面控制点作为水准点，埋设的水准点应绘制点之记。

4.4.2.1　三、四等水准测量的技术要求

三、四等水准测量每站观测的技术要求见表 4-2。

表 4-2　三、四等水准测量的测站技术要求

等级	视线长度/m	前后视距差	前后视距累积差	红黑读数差	红黑面所测高差之差/mm
三等	≤75	≤3	≤6	≤2	≤3
四等	≤100	≤5	≤10	≤3	≤5

4.4.2.2　三、四等水准测量的方法

三、四等水准测量观测应在通视良好、望远镜成像清晰及稳定的情况下进行。下面介绍双面尺中丝读数法的观测程序。

A　一测站观测顺序

三、四等水准测量采用成对双面尺观测。测站观测程序如下：

（1）安置水准仪，粗平。

（2）瞄准后视尺黑面，读取下、上、中丝的读数，记入手簿（1）、（2）、（3）栏。

（3）瞄准前视尺黑面，读取下、上、中丝的读数，记入手簿（4）、（5）、（6）栏。

（4）瞄准前视尺红面，读取中丝的读数，记入手簿（7）栏。

（5）瞄准后视尺红面，读取中丝的读数，记入手簿（8）栏。

以上观测程序归纳为"后、前、前、后"，可减小仪器下沉误差。四等水准测量也可按"后、后、前、前"程序观测。三、四等水准测量手簿见表4-3。

表4-3 三、四等水准测量手簿

日期：×××年×月×日 天气：晴 仪器编号：×××

地点：××× 观测者：××× 记录者：×××

测站编号	后尺 上丝 下丝	前尺 上丝 下丝	方向及尺号	水准尺读数		K+黑减红	平均高差/m	备注
	后视	前视		黑面	红面			
	视距差 d	∑d						
A—TP₁	（1）	（4）	后	（3）	（8）	（14）		
	（2）	（5）	前	（6）	（7）	（13）	（18）	
	（9）	（10）	后—前	（15）	（16）	（17）		
	（11）	（12）						
TP₁—TP₂	1614	0774	后	1384	6171	0		
	1156	0326	前	0551	5239	−1	0832	
	45.8	44.8	后—前	0833	0932	+1		
	+1.0	+1.0						
TP₂—TP₃	2188	2252	后	1934	6622	−1		
	1682	1758	前	2008	6796	−1	0074	
	50.6	49.4	后—前	0074	0174	0		
	+1.2	+2.2						
TP₃—TP₄	1922	2066	后	1726	6512	+1		
	1529	1668	前	1866	6554	−1	0141	
	39.3	39.8	后—前	−0140	−0042	+2		
	−0.5	+1.7						
TP₄—B	2041	2220	后	1832	6520	−1		
	1622	1790	前	2007	6793	+1	0174	
	41.9	43.0	后—前	0175	−0273	−2		
	−1.1	+0.6						

注：括号内的数字为观测顺序和计算步骤。

B 一测站计算与检核

（1）视距计算与检核。根据前、后视的上、下丝读数计算前、后视的视距（9）和（10）：

后视距离　　　　　　　　$(9) = [(1) - (2)]/10$

前视距离　　　　　　　　$(10) = [(4) - (5)]/10$

计算前、后视距差(11)：

$$(11) = (9) - (10)$$

计算前、后视视距累积差(12)：

$$(12) = 上站(12) + 本站(11)$$

(2) 水准尺读数检核。同一水准尺黑面与红面读数差的检核：

$$(13) = (6) + K_1 - (7)$$

$$(14) = (3) + K_2 - (8)$$

K 为双面水准尺的红面分划与黑面分划的零点差（本例中，$K_1 = 4787mm$，$K_2 = 4687mm$）。

(3) 高差计算与检核。按前、后视水准尺红、黑面中丝读数分别计算一站高差：

黑面高差　　　　　　　　$(15) = [(3) - (6)]$

红面高差　　　　　　　　$(16) = [(8) - (7)]$

红黑面高差之差　　$(17) = (15) - [(16) ± 100] = (14) - (13)$

平均高差　　　　　　　　$(18) = [(15) + (16)]/2/1000$

(4) 每页水准测量记录计算检核。

高差检核：

$$\sum(3) - \sum(6) = \sum(15)$$

$$\sum(8) - \sum(7) = \sum(16)$$

$$[\sum(15) - \sum(16)]/1000 ± 0.1 = 2\sum(18)$$

视距差检核：

$$\sum(9) - \sum(10) = 本页末站(12) - 前页末站(12)$$

$$本页总视距 = \sum(9) + \sum(10)$$

4.5　水准测量数据处理

水准测量过程中不可避免地会存在各种误差，因此在外业观测结束并且检查外业观测手簿无误后，需要对水准测量的观测数据进行相应的处理，从而减弱测量误差对观测结果的影响。其具体步骤如下：

(1) 根据实际情况绘制水准路线示意图。图 4-21 是一附合水准路线测量示意图，A、B 为已知高程的水准点，1、2、3 点为待测水准点，各测段实测高差、测站数如图所示。

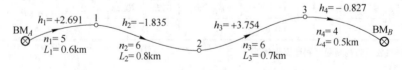

图 4-21　附合水准路线示意图

(2) 将点号、测段长度、测站数、观测高差即已知水准点 A、B 的高程填入表4-4 中。

表 4-4   水准测量成果计算表

点号	距离/km	测站数	实测高程/m	改正数/mm	改正后高差/m	高程/m	点号	备注
1	2	3	4	5	6	7	8	9
BM_A	0.6	5	+2.691	−10	+2.681	89.763	BM_A	
1						92.444	1	
	0.8	6	−1.835	−13	−1.848			
2						90.596	2	
	0.7	6	+3.754	−11	+3.743			
3						94.339	3	
BM_B	0.5	4	−0.827	−8	−0.835	93.504	BM_B	
总计	2.6	21	+3.783	−42	+3.741		Σ	
辅助计算	$f_h = \sum h - (H_B - H_A) = 3.783 - (93.504 - 89.763) = +42\text{mm}$ $f_{h容} = \pm40\sqrt{L} = \pm40\sqrt{2.6} = \pm64\text{mm}$ $\lvert f_h \rvert < \lvert f_{h容} \rvert$							

（3）计算高程闭合差。对于闭合水准路线如果观测过程中没有误差，各测段高差之和应等于终点和起点的高程之差，即

$$\sum h = H_B - H_A \tag{4-5}$$

实际上，由于测量工作中存在着误差，使式（4-5）不等，其差值即为高差闭合差，以符号 f_h 表示，即：

$$f_h = \sum h - (H_B - H_A) \tag{4-6}$$

对于闭合水准路线各段高差代数和的理论值为零，故：

$$f_h = \sum h \tag{4-7}$$

对于支水准路线要进行往返测，往测高差与返测高差代数和的理论值为零，故：

$$f_h = \sum h_往 + \sum h_返 \tag{4-8}$$

本例中，$f_h = \sum h - (H_B - H_A) = 3.783 - (93.504 - 89.763) = +42\text{mm}$。

（4）计算高差闭合差的容许值 $f_{h容}$。根据《工程测量规范》（GB 50026—2007）中规定四等水准测量高差闭合差容许值为

$$平地 \qquad f_{h容} = \pm20\sqrt{L} \tag{4-9}$$

$$山地 \qquad f_{h容} = \pm6\sqrt{n} \tag{4-10}$$

式中 L——路线总长度，km；

n——测站总数。

图根水准测量的高程闭合差容许值为

$$平地 \qquad f_{h容} = \pm40\sqrt{L} \tag{4-11}$$

$$山地 \qquad f_{h容} = \pm12\sqrt{n} \tag{4-12}$$

本例中采用图根水准测量平地公式进行计算，即：

$$f_{h容} = \pm40\sqrt{L} = \pm40\sqrt{2.6} = \pm64\text{mm}$$

因 $\lvert f_h \rvert < \lvert f_{h容} \rvert$，说明观测成果精度符合要求，可对高差闭合差进行调整。如果因 $\lvert f_h \rvert > \lvert f_{h容} \rvert$，说明观测成果不符合要求，必须重新测量。

（5）高差闭合差的调整。由于存在闭合差，使测量成果产生矛盾。为此，必须在观测值上加一定的改正数，改正数之和与闭合差应大小相等，符号相反，以消除矛盾。

在同一条水准路线上，假设观测条件是相同的，可认为各测站产生误差的机会是相同的。因此，闭合差调整的原则和方法，是按与测站数（或测段距离）成正比例、并与闭合差反符号改正到各相应测段的高差上，得各测段高差闭合差的改正数 v_i，即：

$$v_i = -\frac{f_h}{\sum n}n_i \quad \text{或} \quad v_i = -\frac{f_h}{\sum L}L_i \tag{4-13}$$

式中　　　　v_i——第 i 段的高差改正数，mm；

　　$\sum n$，$\sum L$——水准路线的总测站数，总长度；

　　　n_i，L_i——第 i 测段的测站数、测段长度。

本例中，按路线长度进行调整，各段改正数分别填入表 4-4 第 5 栏内相应位置中。

计算检核

$$\sum v_i = -f_h \tag{4-14}$$

（6）计算各测段改正后高差。各测段改正后高差等于各段观测高差加上相应的改正数，即：

$$\bar{h}_i = h_i + v_i \tag{4-15}$$

式中　$\bar{h}_i$——第 i 段改正后高差，m。

将各测段改正后的高差填入表 4-4 第 6 栏内。

计算检核

$$\sum \bar{h} = H_B - H_A \tag{4-16}$$

（7）计算待定点高程。根据已知水准点 A 的高程和各测段改正后的高程依次可推算出各待测点高程。

计算检核

$$H_{B推算} = H_3 + \bar{h}_4 = H_{B已知} \tag{4-17}$$

4.6　水准测量的误差及其消减方法

水准测量误差按其来源可分为仪器误差、观测与操作者的误差以及外界环境的影响等三个方面。

4.6.1　仪器误差

（1）水准仪校正后的误差。仪器虽在测量前经过校正，仍会存在残余误差。因此造成水准管气泡居中，水准管轴居于水平位置而望远镜视准轴却发生倾斜，致使读数误差。这种误差与视距长度成正比。观测时可通过中间法（前后视距相等）和距离补偿法（前视距离和等于后视距离总和）消除。针对中间法在实际过程中的控制，立尺人是关键，通过应用普通皮尺测量距离，然后立尺，简单易行。而距离补偿法不仅繁琐，并且不容易掌握。

（2）水准尺误差。水准尺误差主要包含尺长误差（尺子长度不准确）、刻划误差（尺上的分划不均匀）和零点差（尺的零刻划位置不准确），对于较精密的水准测量，一般应选用尺长误差和刻划误差小的标尺。尺的零误差的影响，控制方法可以通过在一个水准测段内，两根水准尺交替轮换使用（在本测站用作后视尺，下测站则用为前视尺），并把测段站数目布设成偶数，即在高差中相互抵消。同时可以减弱刻划误差和尺长误差的影响。

4.6.2 观测误差

（1）符合水准管气泡居中误差。由于符合水准气泡未能做到严格居中，造成望远镜视准轴倾斜，产生读数误差。读数误差的大小与水准管的灵敏度有关，主要是水准管分划值 τ 的大小。此外，读数误差与视线长度成正比。水准管居中误差一般认为是 0.15τ，根据公式 $m_{居} = 0.075\tau D/\rho$，DS$_3$ 级水准仪水准管的分划值一般为 $20''$，视线长度 $D = 75$m，$\rho = 206265''$，那么，$m_{居} = 0.3$mm。由此看来，只要观测时符合水准管气泡能够认真仔细进行居中，且对视线长度加以限制，与中间法一致，此误差可以消除。

（2）水准尺估读误差。在水准尺上估读毫米时，估读误差与测量人员眼的分辨能力、望远镜的放大倍率以及视线长度有关。因此，在水准测量时，要根据测量的精度要求严格控制视线长度。

（3）视差误差。当水准尺成像平面与十字丝平面不重合时，观测时眼睛所在的位置不同，读出的数也不同，因此，产生读数误差。所以在每次读数前，控制方法就是要仔细进行物镜对光，以消除视差。

（4）水准尺的倾斜误差。水准尺如果是向视线的左右倾斜，观测时通过望远镜十字丝很容易察觉而纠正。但是，如果水准尺的倾斜方向与视线方向一致，则不易察觉。水准尺倾斜总是使读数偏大。读数误差的大小与水准尺倾斜角和读数的大小（即视线距地面的高度）有关。水准尺的倾斜角越大，对读数的影响就越大；读数越大，对读数的影响就越大，水准尺的倾斜角所产生的读数误差可以用公式 $\Delta a = a(1 - \cos\gamma)$ 计算。假定 $\gamma = 3°$、$a = 1.5$m 时，则 $\Delta a = 2$mm，由此可以看出，此项影响是不可忽视的。因此，在水准测量中，立尺是一项十分重要的工作，一定要认真立尺，使尺处于铅垂位置。尺上有圆水准的应使气泡居中。必要时可用摇尺法，即读数时尺底置于点上，尺的上部在视线方向前后慢慢摇动，读取最小的读数。当地面坡度较大时，尤其应注意将尺子扶直，并应限制尺的最大读数。最重要的是在转点位置。

4.6.3 外界环境的影响

（1）仪器下沉。仪器下沉是指在一测站上读的后视读数和前视读数之间仪器发生下沉，使得前视读数减小，算出的高差增大。为减小其影响，当采用双面尺法或变更仪器高法时，第一次是读后视读数再读前视读数，而第二次则先读前视读数再读后视读数，即"后、前、前、后"的观测程序。这样的两次高差的平均值即可消除或减弱仪器下沉的影响。

（2）水准尺下沉。水准尺下沉的误差是指仪器在迁站过程中，转点发生下沉，使迁站后的后视读数增大，算出的高差也增大。如果采取往返测，往测高差增大，返测高差减小，所以取往返高差的平均值，可以减弱水准尺下沉的影响。最有效的方法是应用尺垫，在转点的地方必须放置尺垫，并将其踩实，以防止水准尺在观测过程中下沉。

（3）地球曲率及大气折光的影响。用水平面代替水准面对高程的影响，可以用公式

$\Delta h = D^2/(2R)$ 表示，地球半径 $R = 6371\mathrm{km}$，当 $D = 75\mathrm{m}$ 时，$\Delta h = 0.44\mathrm{cm}$；当 $D = 100\mathrm{m}$ 时，$\Delta h = 0.08\mathrm{cm}$；当 $D = 500\mathrm{m}$ 时，$\Delta h = 2\mathrm{cm}$；当 $D = 1\mathrm{km}$ 时，$\Delta h = 8\mathrm{cm}$；当 $D = 2\mathrm{km}$ 时，$\Delta h = 31\mathrm{cm}$。显然，以水平面代替水准面时高程所产生的误差要远大于测量高程的误差。所以，对于高程而言，即使距离很短，也不能将水准面当作水平面，一定要考虑地球曲率对高程的影响。实测中采用中间法可消除该影响。大气折光使视线成为一条曲率约为地球半径 7 倍的曲线，使读数减小，可以用公式 $\Delta h = D^2/(14R)$ 表示，视线离地面越近，折射越大，因此，视线距离地面的角度不应小于 0.3m，并且其影响也可用中间法消除或减弱。此外，应选择有利的时间，一日之中，上午 10 时至下午 4 时这段时间大气比较稳定，大气折光的影响较小，但在中午前后观测时，尺像会有跳动，影响读数，应避开这段时间，阴天、有微风的天气可全天观测。地球曲率及大气折光影响如图 4-22 所示。

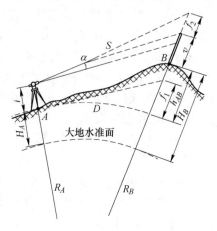

（4）温度影响。温度的变化不仅引起大气折光的变化，而且当烈日照射水准管时，由于管壁和管内液体的受热不均，气泡向着温度更高的方向移动，从而影响仪器的水平，产生气泡居中误差。因此，在阳光强烈水准测量时，应注意撑伞遮阳。

图 4-22　地球曲率及大气折光影响示意图

4.7　三角高程测量

当地形高低起伏、两点间高差较大而不便于进行水准测量时，可以使用三角高程测量的方法测定两点间的高差和点的高程。根据测量距离方法的不同，三角高程测量又分为光电测距三角高程测量和经纬仪三角高程测量，前者可以代替四等水准测量，后者主要用于山区图根高程控制。

4.7.1　三角高程测量原理

三角高程测量原理是根据测站与待测点两点间的水平距离 D 或斜距 S 和测站向目标点所观测的竖直角 α 来计算两点间的高差。由第 3 章可知高差计算公式为

$$h_{AB} = S\sin\alpha + i - v \qquad (4\text{-}18)$$

或

$$h_{AB} = D\tan\alpha + i - v \qquad (4\text{-}19)$$

这个公式是在把水准面当作水平面、观测视线是直线的条件下导出的，当地面两点间的距离小于 200m 时是适用的。两点间距离大于 200m 时就要顾及地球曲率，并加以曲率改正数 f_1，简称为球差改正。由第 1 章可知

$$f_1 = \Delta h = \frac{D^2}{2R} \qquad (4\text{-}20)$$

式中，$R = 6371\mathrm{km}$，为地球平均曲率半径。

由于地球表面的大气层受重力影响，低层空气的密度大于高层空气的密度，观测垂直

角时的视线穿过密度不均匀的介质时，形成一条向上凸的曲线，使视线的切线方向向上抬高，测得的垂直角偏大，如图 4-22 所示。这种现象称为大气垂直折光。

可以将受大气垂直折光影响的视线看成是一条半径为 $\dfrac{R}{k}$ 的圆曲线，k 称为大气垂直折光系数。根据式（4-20），可得大气垂直折光改正（简称气差改正）为

$$f_2 = -k\frac{D^2}{2R} \tag{4-21}$$

球差改正与气差改正之和为

$$f = f_1 + f_2 = (1-k)\frac{D^2}{2R} \tag{4-22}$$

f 简称为两差改正，因 K 值大约在 0.08 ~ 0.14 之间，所以 f 恒大于零。

大气垂直折光系数 K 是随地区、气候、季节、地面覆盖物和视线超出地面高度等条件的不同而变化的，目前，人们还不能精确地测定它的数值，一般取 $K = 0.14$ 计算两差改正 f。表 4-5 列出了水平距离 $D = 100 \sim 3500\mathrm{m}$ 时两差改正数 f 的值。

表 4-5　三角高程测量地球曲率和大气折光改正

D/m	f/mm	D/m	f/mm
100	1	2000	270
500	17	2500	422
1000	67	3000	607
1500	152	3500	827

根据两差改正 f，采用水平距离 D 或斜距 S 的三角高程测量的高差计算公式为

$$h_{AB} = S\sin\alpha + i - v + f \tag{4-23}$$

$$h_{AB} = D\tan\alpha + i - v + f \tag{4-24}$$

由于折光系数 k 不能精确测定，使两差改正 f 带有误差。距离 D 越长，误差也越大。为了减少两差改正数 f，《城市测量规范》规定，代替四等水准的光电测距三角高程，其边长不应大于 1km。减少两差改正误差的另一个方法是，在 A、B 两点同时进行对向观测，此时可以认为 k 值是相同的，两差改正 f 也相等，往返测高差分别为

$$h_{AB} = D\tan\alpha_A + i_A - v_B + f \tag{4-25}$$

$$h_{BA} = D\tan\alpha_B + i_B - v_A + f \tag{4-26}$$

取往返测高差的平均值为

$$\bar{h}_{AB} = \frac{1}{2}(h_{AB} - h_{BA}) = \frac{1}{2}\left[(D\tan\alpha_A + i_A - v_B) - (D\tan\alpha_B + i_B - v_A)\right] \tag{4-27}$$

可以抵消 f。

4.7.2　三角高程测量的观测与计算

4.7.2.1　三角高程的观测

在测站上安置经纬仪或全站仪，量取仪器高 i，在目标点上安置觇牌或反光镜，量取觇牌高 V。

用望远镜中横丝照准觇牌或反光镜中心，测量该点的竖直角，用全站仪或光电测距仪测量两点间的斜距。

《城市测量规范》规定，代替四等水准测量的光电测距三角高程导线观测应符合下列规定：

（1）边长的观测应采用不低于Ⅱ级精度的测距仪往返各测一测回，测距时，要同时测定气温和气压值，并对所测距离进行气象改正。

（2）竖直角观测应采用觇牌为照准目标，用 DJ$_2$ 级经纬仪或全站仪按中丝法观测三测回，竖直角测回差和指标差均不应大于 $7''$。对向观测高差较差不应大于 $\pm 40\sqrt{D}$（mm），D 为以 km 为单位的测距边水平距离，附合路线或环线闭合差与四等水准测量要求相同。

（3）仪器高和觇牌高应在观测前后用经过检验的量杆各量测一次，精确读数至 1mm，当较差不大于 2mm 时，取中数。

4.7.2.2　三角高程的计算

根据式（4-25）或式（4-26）进行光电测距三角高程导线的计算，一般在表 4-6 所示的表格中进行。

表 4-6　三角高程测量的高差计算

起算点	A		B	
待定点	B		C	
往返测	往	返	往	返
斜距 S	593.391	593.400	491.360	491.301
竖直角 α	$+11°$	$-11°$	$+6°41'$	$-6°42'$
仪器高 i	1.440	1.491	1.491	1.502
觇牌高 V	1.502	1.400	1.522	1.441
两差改正 f	0.023	0.023	0.016	0.016
高　差	$+118.740$	-118.715	$+57.284$	$+57.253$
平均高差	$+118.728$		$+57.269$	

习　题

4-1　设 A 为后视点，B 为前视点；A 点高程是 20.016m。当后视读数为 1.124m，前视读数为 1.428m，问 A、B 两点高差是多少？B 点比 A 点高还是低？B 点的高程是多少？并绘图说明。

4-2　何为水准轴？何为视差？产生视差的原因是什么？怎样消除视差？

4-3　水准仪上的圆水准器和管水准器作用有何不同？

4-4　水准管轴和圆水准器轴是怎样定义的？

4-5　转点在水准测量中起什么作用？

4-6　试述水准测量的计算检核。它主要检核哪两项计算？

4-7　将图 4-23 中的数据填入表 4-7 中，并计算出各点间的高差及 B 点的高程。

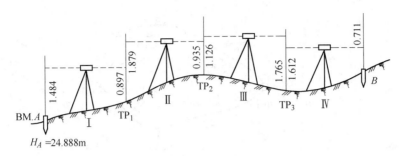

图 4-23　题 4-7

表 4-7　水准记录表

点号	水准尺读数		高差		高程	备注
	后视/a	前视/b	+	−		
BM$_A$						
TP$_1$						
TP$_2$						
TP$_3$						
B						
计算检核						

4-8　调整图 4-24 中附合水准路线等外水准测量观测成果，并求出各点高程，填入表 4-8。

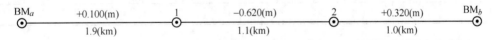

图 4-24　题 4-8

表 4-8　题 4-8

点号	距离/km	观测高差/m	改正数/mm	改正后高差/m	高程/m
BM$_a$					500.320
1					
2					
BM$_b$					500.160
总计					

4-9　调整图 4-25 所示的闭合水准路线的观测成果，并求出 1、2、3、4 点高程，填入表 4-9。

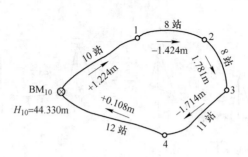

图 4-25　题 4-9

表 4-9　题 4-9

测段编号	点名	距离 L/km	测站数	实测高差	改正数/m	改正后高差/m	高程/m	备注
1	2	3	4	5	6	7	8	9
	4							
辅助计算								

4-10　简述三角高程的测量原理。

5　现代测量仪器

5.1　全　站　仪

全站仪，即全站型电子速测仪（Electronic Total Station）。是一种集光、机、电为一体的高技术测量仪器，是集水平角、垂直角、距离（斜距、平距）、高差测量功能于一体的测绘仪器系统。因其一次安置仪器就可完成该测站上全部测量工作，所以称之为全站仪。

5.1.1　全站仪的特点

目前工程中所使用的全站仪基本都具备以下主要特点：

（1）能同时测角、测距并自动记录测量数据。

（2）机内设有测量应用软件，可以方便地进行三维坐标测量、导线测量、对边测量、悬高测量、偏心测量、后方交会、放样测量等工作。

（3）控制面板具有人机对话功能。控制面板由键盘和显示屏组成。除照准以外的各种测量功能和参数均可通过键盘来实现。仪器的两侧均有控制面板，操作十分方便。

（4）设有双向倾斜补偿器，可以自动对水平和竖直方向进行修正，以消除竖轴倾斜误差的影响。

（5）具有双路通信功能，可将测量数据传输给电子手簿或外部计算机，也可接受电子手簿和外部计算机的指令和数据。这种传输系统有助于开发专用程序系统，提高数据的可靠性与存储安全性。

5.1.2　全站仪的结构

电子全站仪由电源部分、测角系统、测距系统、数据处理部分、通信接口、显示屏和键盘等组成，如图5-1所示。

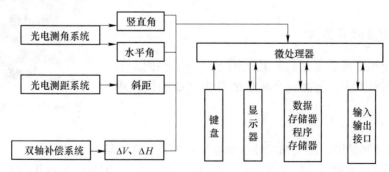

图 5-1　全站仪的结构

5.1.3　全站仪的分类

（1）全站仪按其外观结构可分为积木型，又称为组合型全站仪（见图5-2），以及整体型全站仪（见图5-3）。

图5-2　组合式全站仪

图5-3　整体型全站仪

（2）全站仪按测量功能可分成经典型全站仪、无合作目标型全站仪（免棱镜全站仪）和智能型全站仪（测量机器人）。

（3）全站仪按测距仪测距可分为以下三类：

1）短距离测距全站仪，测程小于3km，一般精度为 $\pm(5mm + 5 \times 10^{-6})$，主要用于普通测量和城市测量。

2）中测程全站仪，测程为3～15km，一般精度为 $\pm(5mm + 2 \times 10^{-6})$，$\pm(2mm + 2 \times 10^{-6})$ 通常用于一般等级的控制测量。

3）长测程全站仪，测程大于15km，一般精度为 $\pm(5mm + 1 \times 10^{-6})$，通常用于国家三角网及特级导线的测量。

（4）自动陀螺全站仪。由陀螺仪GTA1000与无合作目标全站仪RTS812R5组成的自动陀螺全站仪能够在20min内，最高以 $\pm5''$ 的精度测出真北方向，如图5-4所示。GTA1800R这款仪器实现了陀螺仪和全站仪的有机整合，实现北方向的自动观测，免去了人工观测的劳动量和不确定性。

图5-4　自动陀螺全站仪

5.1.4　全站仪的使用方法

不同品牌和型号的全站仪，其使用方法不尽相同，但其基本思路相差不大，下面就全站仪的基本功能的使用进行介绍。

（1）水平角测量：

1）按角度测量键，使全站仪处于角度测量模式，照准第一个目标A。

2）按置盘键或菜单中的置盘功能，设置A方向的水平度盘读数使其微大于0°。

3）照准第二个目标B，此时显示的水平度盘读数即为两方向间的水平夹角。

（2）距离测量：

1）设置棱镜常数。测距前须将棱镜常数输入仪器中，仪器会自动对所测距离进行改正。

2）设置大气改正值或气温、气压值。光在大气中的传播速度会随大气的温度和气压而变化，15℃和760mmHg是仪器设置的一个标准值，此时的大气改正为0。实测时，可输入温度和气压值，全站仪会自动计算大气改正值（也可直接输入大气改正值），并对测距结果进行改正。

3）量仪器高、棱镜高并输入全站仪。

4）距离测量。照准目标棱镜中心，按测距键，距离测量开始，测距完成时显示斜距、平距、高差。

全站仪的测距模式有精测模式、跟踪模式、粗测模式三种。精测模式是最常用的测距模式，测量时间约2.5s，最小显示单位1mm；跟踪模式，常用于跟踪移动目标或放样时连续测距，最小显示一般为1cm，每次测距时间约0.3s；粗测模式，测量时间约0.7s，最小显示单位1cm或1mm。在距离测量或坐标测量时，可按测距模式（MODE）键选择不同的测距模式。

应注意，有些型号的全站仪在距离测量时不能设定仪器高和棱镜高，显示的高差值是全站仪横轴中心与棱镜中心的高差。

（3）坐标测量：

1）设定测站点的三维坐标。

2）设定后视点的坐标或设定后视方向的水平度盘读数为其方位角。当设定后视点的坐标时，全站仪会自动计算后视方向的方位角，并设定后视方向的水平度盘读数为其方位角。

3）设置棱镜常数。

4）设置大气改正值或气温、气压值。

5）量仪器高、棱镜高并输入全站仪。

6）照准目标棱镜，按坐标测量键，全站仪开始测距并计算显示测点的三维坐标。

为了方便使用操作仪器，下面以南方测绘公司NTS-340系列全站仪为例对其功能及使用方法进行介绍。

5.1.4.1 NTS-340系列全站仪简介

（1）NTS-340系列全站仪外观及各部件名称如图5-5所示。

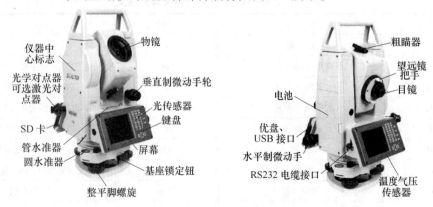

图 5-5 NTS-340 全站仪外观及各部件名称

（2）操作键。NTS-340 全站仪键盘如图 5-6 所示，其主要功能见表 5-1。

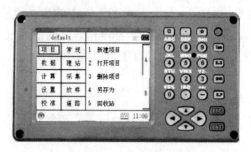

图 5-6　NTS-340 全站仪键盘及显示屏

表 5-1　NTS-340 全站仪键盘功能

按　键	功　　能
α	输入字符时，在大小写输入之间进行切换
▣	打开软键盘
★	打开和关闭快捷功能菜单
⏻	电源开关，短按切换不同标签页，长按开关电源
Tab	使屏幕的焦点在不同的控件之间切换
B. S	退格键
Shift	在输入字符和数字之间进行切换
S. P	空格键
ESC	退出键
ENT	确认键
▲▼ ◄►	在不同的控件之间进行跳转或者移动光标
0—9	输入数字和字母
—	输入负号或者其他字母
.	输入小数点

（3）显示符号的意义见表 5-2。

表 5-2　NTS-340 全站仪显示符号的意义

显示符号	内　容	显示符号	内　容
V	垂直角	Z	高程
V%	垂直角（坡度显示）	m	以米为距离单位
HR	水平角（右角）	ft	以英尺为距离单位
HL	水平角（左角）	dms	以度分秒为角度单位
HD	水平距离	gon	以哥恩为角度单位
VD	高差	mil	以密位为角度单位
SD	斜距	PSM	棱镜常数/以 mm 为单位
N	北向坐标	PPM	大气改正值
E	东向坐标	PT	点名

5.1.4.2 NTS-340 系列全站仪的使用

（1）开机。对全站仪进行粗平，打开电源开关键。

（2）参数设置。点击如图 5-7 中设置菜单，可以进行测量单位、通信、电源等相关设置，点击右侧 A、B、C 可以切换显示页。

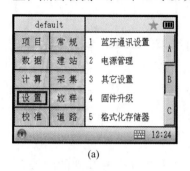
(a)

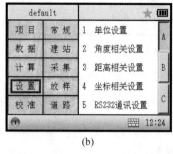
(b)

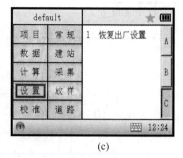
(c)

图 5-7 设置菜单

（3）新建或打开一个项目。每个项目对应一个文件，必须要先建立一个项目才能进行测量和其他操作，默认系统将建立一个名为 default 的项目。每次开机将默认打开上次关机时打开的项目。项目中将保存测量和输入的数据，可以通过导入或者导出将数据导入到项目或者从项目中导出，如图 5-8 所示。如果需要新建项目，点击图 5-8（a）中右侧的新建项目，显示如图 5-8（c）中界面，输入项目名，项目名称最长为 8 个字符，文件的扩展名为 job，默认会以当前的时间作为项目名称。

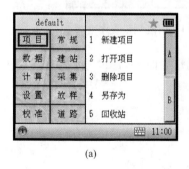
(a)

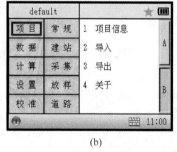
(b)

(c)

图 5-8 项目管理菜单

（4）建站。在进行测量和放样之前都要进行已知点建站的工作，如图 5-9（a）所示。

1）测站：输入已知测站点的名称，通过 ▼ 可以调用或新建一个已知点作为测站点，如图 5-9（b）所示。

2）输入当前的仪器高和镜高，如图 5-9（b）所示。

3）输入已知后视点的名称，通过 ▼ 可以调用或新建一个已知点作为后视点，如图 5-9（b）所示，也可以直接输入后视角度来设置后视，如图 5-9（c）所示。

（5）后视检查。完成建站后，将棱镜立在后视点，并用全站仪瞄准后视点，点击图 5-9（a）中的"后视检查"，可检查当前的角度值与建站时的方位角是否一致，并将结果显

 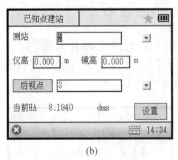 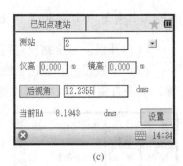

(a)　　　　　　　　　　　(b)　　　　　　　　　　　(c)

图 5-9　建站程序菜单

示在如图 5-10 的界面中。

在建站后，通过数据采集程序可以进行各种测量工作。

（6）常规测量。在常规测量程序下，可完成角度、距离、坐标等一些基础的测量工作，如图 5-11 所示。

图 5-10　后视检查

图 5-11　常规测量程序菜单

1）角度测量，点击图 5-11 中"角度测量"，显示角度测量界面，如图 5-12 所示。

①V：显示垂直角度。

②HR 或者 HL：显示水平右角或者水平左角。

③置零：将当前水平角度设置为零。

④保持：保持当前角度不变，直到释放为止。

⑤置盘：通过输入设置当前的角度值。

2）距离测量，点击图 5-11 中"距离测量"，显示距离测量界面，如图 5-13 所示。

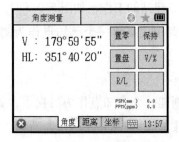

图 5-12　角度测量

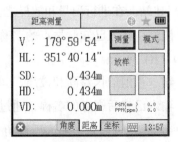

图 5-13　距离测量界面

①SD：显示斜距值。

②HD：显示水平距离值。

③VD：显示垂直距离值。

④测量：开始进行距离测量。

⑤模式：进入到测量模式设置。

⑥放样：进入到距离放样界面，如图5-14所示。其中，HD表示输入要放样的水平距离；VD表示输入要放样的垂直距离；SD表示输入要放样的倾斜距离。

3）坐标测量。点击图5-11中"坐标测量"，显示坐标测量界面，如图5-15所示。

图5-14　距离放样

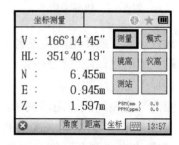

图5-15　坐标测量界面

①N：北坐标。

②E：东坐标。

③Z：高程。

④测量：开始进行测量。

⑤模式：设置测距模式。

⑥镜高：进入输入棱镜高度界面，进行镜高的设置，如图5-16所示。

⑦仪高：进入输入仪器高度界面，设置当前仪器高，如图5-17所示。

图5-16　输入镜高

图5-17　输入仪器高

⑧测站：进入到输入测站坐标的界面，设置测站点坐标，如图5-18所示。

（7）数据采集。数据采集之前需要设站。设站后点击如图5-19中的"采集"，可以进行各种数据采集工作。点击"点测量"进入单点测量界面。

1）在待测点上立棱镜。

2）点击如图5-19中的"点测量"可以测出待测点的三

图5-18　输入测站坐标

维坐标，如图 5-20 所示。

图 5-19 数据采集   图 5-20 单点测量

3）输入点名，或使用默认点名（每次保存后点名自动加 1）。

4）输入编码或调用已有编码。

5）选择需要连线的点。

6）点击"测距"进行距离测量。

7）点击"保存"，对上一次的测量结果进行保存，如果没有测距，则只保存当前的角度值。如果点击"测存"则会测距并保存。

8）点击"数据"可以查看上次测量结果，点击"图形"将显示当前坐标点的图形。

除此之外，还可以进行距离偏差测量、平面角点测量、圆柱中心测量、对边测量等相关测量工作，由于篇幅限制这里不再一一介绍，如需这方面的应用请参照说明书进行操作。

（8）放样。放样之前需要设站。设站后点击如图 5-21 中的"放样"，进入放样界面，如图 5-22 所示。

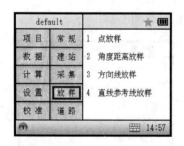

图 5-21 放样界面   图 5-22 点放样界面

1）点击图 5-21 中的"点放样"进入点放样界面，如图 5-22 所示。

2）输入放样点的点名或通过点击 ▼，调用或者新建一个放样点。

3）设置镜高。

4）将棱镜放到适当位置，用全站仪瞄准目标。

5）点击图 5-22 中的"测量"菜单，放样界面中将会显示当前棱镜与待放样点间的相对位置。

以上介绍的是全站仪的基本测量功能，目前各大测量仪器公司都针对不同的测量工程开发了特定的程序模块，如 NTS-340 全站仪中的道路测量程序，可以提前设置的曲线元素，及道路起点、终点等信息，并根据道路的里程进行放样，使道路放样工作的实施更为方便。

5.2 GNSS

5.2.1 概述

GNSS 的全称是全球导航卫星系统（Global Navigation Satellite System），它是泛指所有的卫星导航系统，包括全球的、区域的和增强的，如美国的 GPS、俄罗斯的 Glonass、欧洲的 Galileo、中国的北斗卫星导航系统，以及相关的增强系统，如美国的 WAAS（广域增强系统）、欧洲的 EGNOS（欧洲静地导航重叠系统）和日本的 MSAS（多功能运输卫星增强系统）等，还涵盖在建和以后要建设的其他卫星导航系统。国际 GNSS 系统是个多系统、多层面、多模式的复杂组合系统，如图 5-23 所示。

美国GPS　俄罗斯GLONASS　中国北斗　欧盟伽利略

日本QZSS　　印度IRNSS

图 5-23 国际 GNSS 系统

卫星定位系统都是利用在空间飞行的卫星不断向地面广播发送某种频率并加载了某些特殊定位信息的无线电信号来实现定位测量的定位系统。如图 5-24 和图 5-25 所示，卫星定位系统一般包含三个部分：第一部分是空间运行的卫星星座。多个卫星组成的星座系统

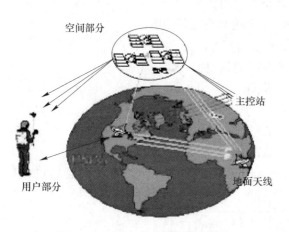

图 5-24 卫星定位系统的三个部分

图 5-25 空间飞行的 GPS 卫星

向地面发送某种时间信号、测距信号和卫星瞬时的坐标位置信号。第二部分是地面控制部分。它通过接收上述信号来精确测定卫星的轨道坐标、时钟差异，发现其运转是否正常，并向卫星注入新的卫星轨道坐标，进行必要的卫星轨道纠正等。第三部分是用户部分。它通过用户的卫星信号接收机接收卫星广播发送的多种信号并进行处理计算，确定用户的最终位置。用户接收机通常固连在地面某一确定目标上或固连在运载工具上，以实现定位和导航的目的。

5.2.2　全球卫星导航定位的基本原理

5.2.2.1　基本定位原理方程

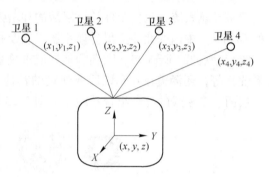

GPS 是采用空间测距交会原理进行定位的。如图 5-26 所示，由广播星历提供轨道参数后计算出卫星在地球三维坐标系中的坐标 (x_i, y_i, z_i)，用户利用接收机接收到卫星到测站的距离 ρ_i，根据距离公式可得

$$\sqrt{(x - x_i)^2 + (y - y_i)^2 + (z - z_i)^2} = \rho_i$$

从原理上说，只要知道三颗卫星至测站距离，就可以实现三维坐标的定位。

图 5-26　GPS 定位基本原理

5.2.2.2　伪距观测值的特性

在实际中，我们不能直接观测到卫地几何距离，而是观测到包含了卫星和接收机时钟误差和时间延迟误差的伪距离 ρ_i'，称为伪距观测值，它实际上由下式表达：

$$\rho_i' = c(T_i - T) = c[(T_T + T_{Ri} + T_{Ai} + \Delta T_u) - (T_T + \Delta T_{si})] \tag{5-1}$$

式中　c——光速；

　　T_i——接收机收到信号时的钟面读数；

　　T——卫星在该信号发射时的钟面读数；

　　T_T——卫星信号发射时刻的 GPS 系统正确时间；

　　T_{Ri}——信号在真空中的运行时间 $= R/c$，R 为真空几何距离；

　　T_{Ai}——由于空气中有电离层、对流层介质而产生的延迟时间；

　　ΔT_u——用户接收机钟与 GPS 系统确定时间的偏差；

　　ΔT_{si}——卫星钟与 GPS 系统正确时间的偏差。

对式（5-1）略加整理，可得到下式：

$$\rho_i' = c[T_{Ri} + T_{Ai} + \Delta T_u - \Delta T_s] = cT_{Ri} + cT_{Ai} + c(\Delta t_{us}) \tag{5-2}$$

$$\Delta t_{us} = \Delta T_u - \Delta T_s$$

由此可见，在卫星钟差为已知的前提下，伪距为真空几何距离加电离层延迟和对流层延迟，再加未知的卫星接收机钟差延迟，即：

$$\rho_i = \sqrt{(x - x_i)^2 + (y - y_i)^2 + (z - z_i)^2} + cT_{Ai} + c(\Delta t_{us})$$

上式中，T_{Ai} 可以通过信号传播的电离层对流层的理论预先确定，ΔT_s 可由广播星历的计算确定，Δt_{us} 可简写为 Δt_u。

共有 x_i、y_i、z_i 和 Δt_u 四个未知数，观测四颗卫星的伪距可以唯一确定上述四个未知参数。

以上定位原理说明，用 GPS 技术可以同时实现三维定位与接收机时间的定时。一般来说，利用 C/A 码进行实时绝对定位，各坐标分量精度在 5~10m，三维综合精度在 15~30m；利用军用 P 码进行实时绝对定位，各坐标分量精度为 1~3m，三维综合精度在 3~6m；利用相位观测值进行绝对定位技术比较复杂，目前其实时或准实时各坐标分量的精度在 0.1~0.3m，事后 24h 连续定位三维精度可达 2~3cm。

5.2.2.3 GNSS 卫星相对定位原理

绝对定位的精度一般较低，对于 GNSS 卫星定位来说，主要是由于卫星轨道、卫星钟差、接收机钟差、电离层延迟、对流层延迟等误差的影响不易用物理或数学的方法加以消除的原因。但是相对定位是确定 P_j 点相对 P_i 点的三维位置关系，利用 GNSS 定位技术，只要 P_j 离 P_i 点不太远，例如小于 30km，那么观测伪距 ρ_j^{si} 和 ρ_i^{si}，大约通过相近的大气层，其电离层和对流层延迟误差几乎相同，利用 ρ_j^{si} 和 ρ_i^{si} 组成新的观测量，又称为差分观测量。如图 5-27 所示，可以组成下列差分观测量：

$$\Delta\rho_{ij}^{sk} = \rho_j^{sk} - \rho_i^{sk}$$

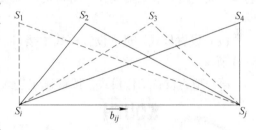

图 5-27 GNSS 相对定位原理

相对定位不仅可以大大削弱电离层对流层的影响，还可以大大削弱卫星 S_k 的轨道误差影响，几乎完全消除 S_k 的卫星钟差的影响。

又如组成另一类新的差分观测量：

$$\Delta\rho_i^{s_ks_q} = \rho_j^{s_q} - \rho_i^{s_k}$$

它可以消除接收机的钟差并削弱其通道误差影响。在差分观测量的基础上还可组成二次差分观测量：

$$\Delta\nabla\rho_{ij}^{s_ks_q} = \Delta\rho_{ij}^{s_ks_q} - \Delta\rho_{ij}^{s_ks_q} = \Delta\rho_{ij}^{s_q} - \Delta\rho_{ij}^{s_k}$$

这种二次差分观测量又称为双差观测量，可大大削弱卫星轨道误差、电离层、对流层延迟误差的影响，几乎可以完全消除卫星钟差和接收机钟差的影响。用它们进行相对定位，精度就可以大大提高。

目前广泛应用于地形图测绘和工程放样中的 RTK（实时双差动态定位）技术，就是利用两台 GNSS 接收机分别作为基准站和流动站同时接收相同卫星信号并实时计算出流动站到基准站的坐标差分量，从而得到地面点坐标的一种测量方法。下面以南方 S86 型 GNSS 电台模式为例介绍 GNSS RTK 的测量方法。

5.2.3 GNSS 的使用

5.2.3.1 仪器参数设置

A 基准站

图 5-28 （a）为内置电台基准站架设模式，图 5-28 （b）为外挂电台基准站架设模式。

(a)

(b)

图 5-28　基准站的架设

打开 S86T 电源后进入程序初始接口，初始接口如图 5-29 所示。初始接口有两种模式选择：设置模式、采集模式；初始接口下按🔘键进入设置模式，不选择则进入自动采集模式。

（1）设置模式。进入设置模式主接口，按🔘或🔘选择项目，选好后按🔘确定，如图 5-30 所示。

第一项为设置工作模式，按🔘确定进入设置工作模式，如图 5-31 所示。

图 5-29　初始接口　　　　图 5-30　设置工作模式　　　　图 5-31　静态模式设置

按🔘或🔘键可选择静态模式、基准站工作模式、移动站工作模式以及返回设置模式主菜单，第二项为基准站模式。

进入基准站模式可选择基准站模式设置，如图 5-32 所示。选择修改进入参数设置接口，如图 5-33 所示，按🔘可分别进入差分格式、发射间隔和记录数据的设置，如图 5-34 所示。

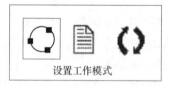

图 5-32　基准站模式设置　　　图 5-33　参数设置接口　　　图 5-34　差分格式设置

设置完参数后返回图 5-32 界面，选择开始，则进入模块设置界面，如图 5-35 所示；选择图 5-35 中修改项，即进入数据链修改界面（见图 5-36），再按🔘可分别选择内置电台、GPRS 网络、CDMA 网络、外接模块等模式，利用🔘或🔘进行选择，🔘确定，如图 5-37 所示。

数据链：	GPRS网络
VRS网络：	
接入网络：	
开始	修改	退出

图 5-35 模块设置界面

数据链：	GPRS网络
VRS网络：	
接入网络：	

图 5-36 数据链修改界面

图 5-37 数据链模式设置

若数据链选择电台模式，需进行电台通道设置，如图 5-38 所示，按下▽或△选择通道，按①确认所选通道，如图 5-39 所示，确认后回到图 5-38 界面，按下▶即进入电台设置完成界面，如图 5-40 所示，选择开始，电台模式设置完成。

| 数据链： | 电台 |
| 通道： | 1 |

图 5-38 电台通道设置

图 5-39 通道选择

数据链：	电台
通道：	1
开始	修改	退出

图 5-40 电台设置完成

（2）基准站架设的注意事项。基准站架设的好坏，将影响移动站工作的速度，并对移动站测量质量有着深远的影响，因此用户注意使观测站位置具有以下条件：

1）在 10°截止高度角以上的空间部应没有障碍物。

2）邻近不应有强电磁辐射源，比如电视发射塔、雷达电视发射天线等，以免对 RTK 电信号造成干扰，离其距离不得小于 200m。

3）基准站最好选在地势相对高的地方以利于电台的作用距离。

4）地面稳固，易于点的保存。

5）用户如果在树木等对电磁传播影响较大的物体下设站，当接收机工作时，接收的卫星信号将产生畸变，影响 RTK 的差分质量，使得移动站很难达到固定解。

B 移动站

移动站模式可选择移动站模式设置，移动站模式参数设置和基准站模式设置方法相同，需要对应基准站相应参数进行设置即可。移动站和基准站要设置相同的差分数据格式、通道（电台频率），图 5-41 为移动站的架设模式。

图 5-41 移动站的架设

5.2.3.2 仪器的连接

基准站与移动站连接的步骤为：

（1）仪器架设与参数设置完成后，打开 GPS 手簿，进入图 5-42 界面。

点击"我的设备"（见图 5-42）点击"控制面板"（见图 5-43）。

点击"控制面板"（见图 5-44）点击"设备属性"→"蓝牙设备"，进行扫描设备（见图 5-45）。

图 5-42   GPS 手簿主界面

图 5-43   系统文件界面

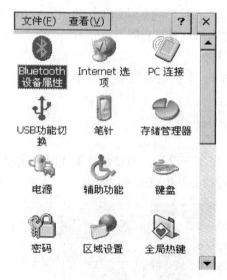

图 5-44   控制面板

图 5-45   设备属性

搜寻到移动站后，点击"＋"（对应的移动站机身号）→"串口服务"（见图 5-46）；弹出相应的界面→串口号 com7（默认）或者选择任意一个串口号。如图选择 8→确定（见图 5-47）。删除设备名称下没有信息的一行串口。点击"ok"，回到桌面（见图 5-48 和图 5-49）。

在 GPS 手簿主界面（见图 5-42）中点击"EGStar"，进入工程界面（见图 5-49），点击"工程"→"新建工程"，工程名称一般以日期命名，点击"确定"（见图 5-51）。在工程界面点击配置菜单，分别进入工程设置、坐标系统设置、电台设置和端口设置。配置菜单（见图 5-52）下工程设置中选择工程所需的坐标系统，天线高为移动站的高度；坐

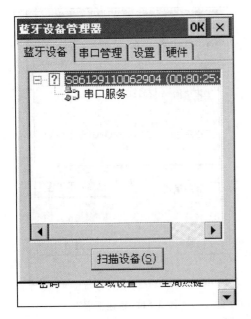

图 5-46 蓝牙设备

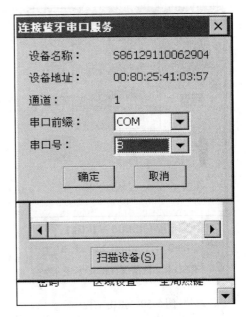

图 5-47 串口服务

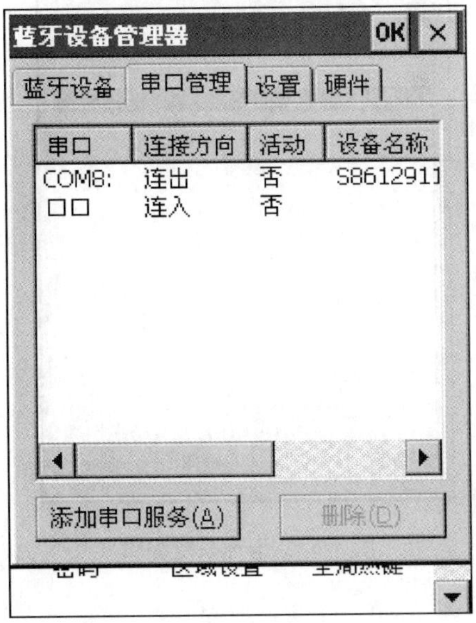

图 5-48 串口管理

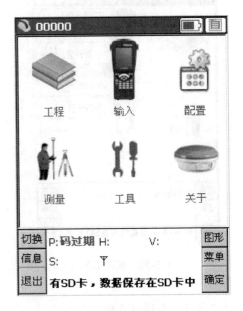

图 5-49 工程界面

标系统设置中修改中央子午线经度，中央子午线经度应与当地坐标子午线经度相同，目前一般以 3 度带计算，也可增加坐标系统名称并写入当地的中央子午线经度（见图 5-53）；电台设置中，要切换与基准站相同的电台通道；端口设置中端口号与蓝牙搜索时添加的串口号一致，波特率与仪器类型按图 5-54 显示输入即可。设置完成就可以将基准站与移动站连接起来，如图 5-55 所示。

图 5-50 点击工程

图 5-51 新建工程

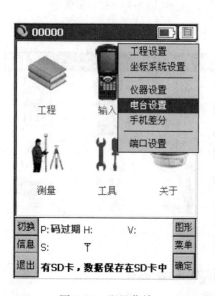

图 5-52 配置菜单

图 5-53 坐标系统编辑

5.2.3.3 求转换参数

当基准站安置在未知点时，一般常用求转换参数和校正向导的方式求取坐标的转换参数，如图 5-56 所示。

A 多个已知点（不小于 2 个）

在完成仪器参数设置与连接并得到固定解后可求取坐标的转换参数，具体步骤如下：

图 5-54 端口配置

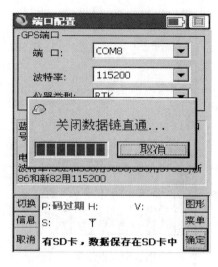

图 5-55 设置完成

（1）在工程界面的测量菜单（见图 5-57）下选取点测量，进入图 5-58 界面，分别在各已知点采集各点的坐标，"1"为测量键，回车为存储键。

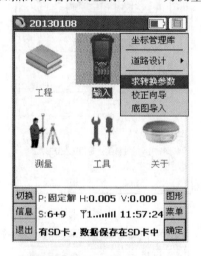

图 5-56 求转换参数

图 5-57 测量菜单

（2）进入输入菜单（见图 5-56），选取求转换参数，进入图 5-59 界面，点击"增加"，输入第一控制点已知坐标值：点号、X、Y、H（见图 5-60）→确定→从坐标管理库选点（见图 5-61）→选择对应在第一控制点点位上测量的坐标值（见图 5-62）→确定。

重复增加，输入第二控制点坐标值：点号、X、Y、H→确定→从坐标管理库选点→选择对应在第二控制点点位上测量的坐标值→确定（右上角）→确定（见图 5-63）。

点击屏幕下方"保存"（见图 5-64）→输入文件名（见图 5-65）→点击"OK"（上方）（见图 5-64），点击"应用"（见图 5-64）。求参数转换完毕，并将该参数赋值给当前工程（见图 5-66）。

注：已知坐标与测量坐标相对应。

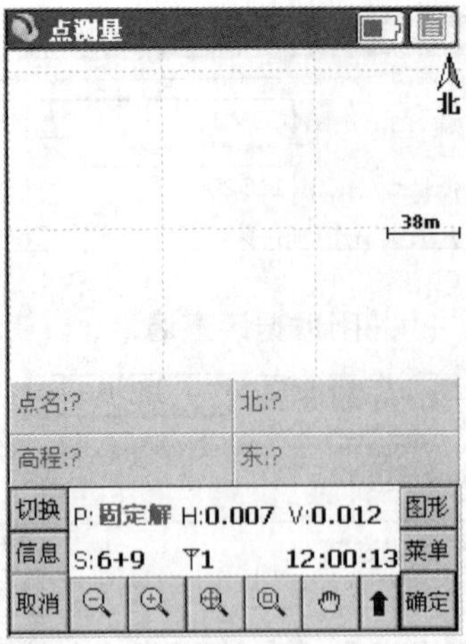

图 5-58　点测量

图 5-59　求坐标转换参数

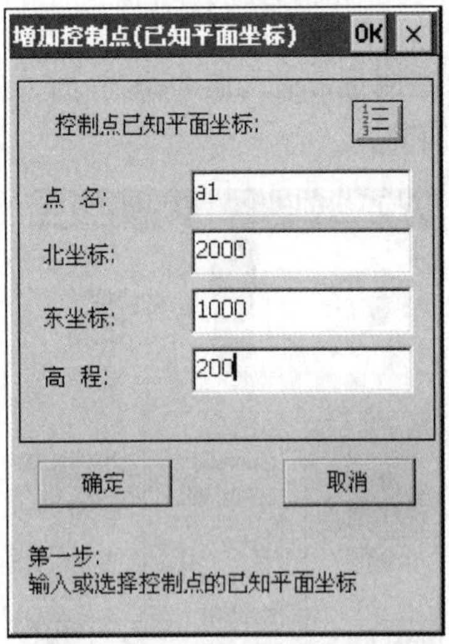

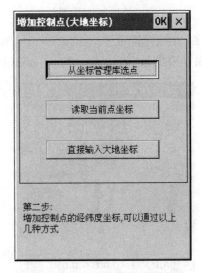

图 5-60　增加控制点（已知平面坐标）

图 5-61　从坐标管理库选点

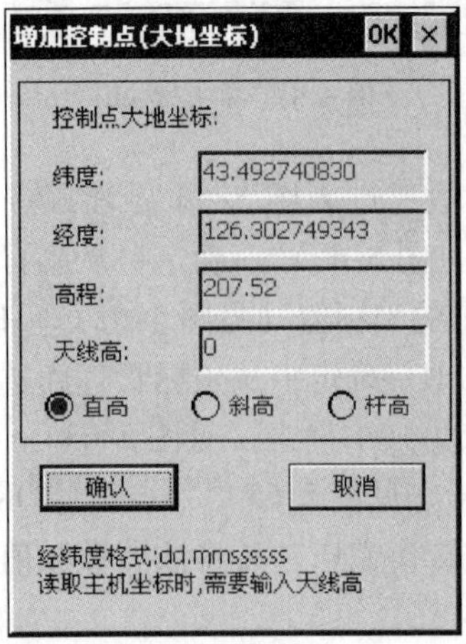

图 5-62　增加控制点（大地坐标）

图 5-63　坐标管理库

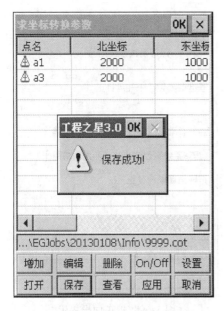

图 5-64 保存坐标转换参数

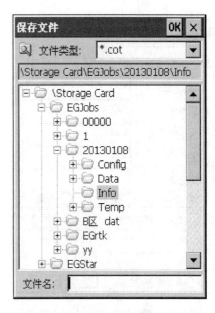

图 5-65 保存文件

B 一个已知点

在完成仪器参数设置与连接并得到固定解后可求取坐标的校正参数,具体步骤如下:进入输入菜单,选取校正向导(见图 5-56),进入图 5-67 界面,将移动站设在未知点→下一步→输入已知点坐标(见图 5-68)→校正→移动站对中杆立直后确定(见图 5-69)。

图 5-66 选取校正向导

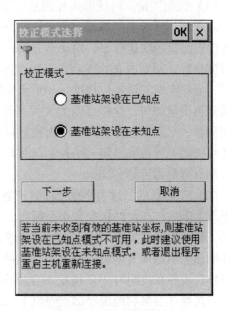

图 5-67 校正模式选择

两种情况下求完坐标的转换参数要将移动站立于已知点上,进入点测量菜单看下方的坐标值是否与已知坐标值相符,若出现超出限差要求时需重新求取转换参数。

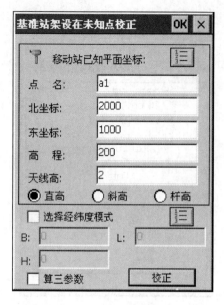

图 5-68　基准站架设在未知点校正

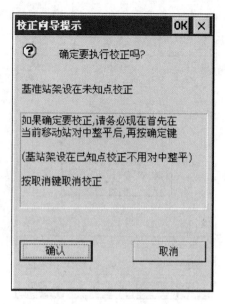

图 5-69　校正向导提示

5.2.3.4　GNSS 的工程应用

当求完转换参数后，GNSS 可以进行控制测量、碎部测量、点放样、直线放样、道路放样和断面测量等。

（1）控制测量。传统的大地测量、工程控制测量采用三角网、导线网方法来施测，不仅费工费时，要求点间通视，而且精度分布不均匀，且在外业不知精度如何，采用常规的 GPS 静态测量、快速静态、伪动态方法，在外业测设过程中不能实时知道定位精度。如果测设完成后，回到内业处理后发现精度不合要求，还必须返测。而采用 RTK 来进行控制测量，能够实时知道定位精度，如果点位精度要求满足了，用户就可以停止观测了，而且知道观测质量如何，这样可以大大提高作业效率。如果把 RTK 用于公路控制测量、线路控制测量、水利工程控制测量、大地测量，则不仅可以大大减少人力强度、节省费用，而且还可提高工作效率，测一个控制点在几分钟甚至于几秒钟内就可完成，选取测量菜单下的控制点测量即可。

（2）碎部测量。过去测地形图时一般首先要在测区建立图根控制点，然后在图根控制点上架上全站仪或经纬仪配合小平板测图，现在发展到外业用全站仪和电子手簿配合地物编码，利用大比例尺测图软件来进行测图，甚至发展到最近的外业电子平板测图等，都要求在测站上测四周的地貌等碎部点，这些碎部点都与测站通视，而且一般要求至少 2 ~ 3 人操作，需要在拼图时一旦精度不合要求还得到外业去返测。现在采用 RTK 时，仅需 1 人背着仪器在要测的地貌碎部点停留 1 ~ 2s，并同时输入特征编码，通过手簿可以实时知道点位精度，把一个区域测完后回到室内，由专业的软件接口就可以输出所要求的地形图，这样用 RTK 仅需一人操作，不要求点间通视，大大提高了工作效率，采用 RTK 配合电子手簿可以测设各种地形图，如普通测图、铁路线路带状地形图的测设，公路管线地形图的测设，配合测深仪可以用于测水库地形图、航海海洋测图等，选取测量菜单下的点测量即可。

（3）放样。工程放样是测量一个应用分支，它要求通过一定方法采用一定仪器把人为设计好的点位在实地标定出来。过去采用常规的放样方法很多，如经纬仪交会放样、全站仪的边角放样等，一般要放样出一个设计点位时，往往需要来回移动目标，而且要 2～3 人操作，同时在放样过程中还要求点间通视情况良好，在生产应用上效率不是很高。有时放样中遇到困难的情况会借助于很多方法才能放样。如果采用 RTK 技术放样时，仅需把设计好的点位坐标输入到电子手簿中，背着 GPS 接收机，它会提醒你走到要放样点的位置，既迅速又方便，由于 GPS 是通过坐标来直接放样的，而且精度很高也很均匀，因而在外业放样中效率会大大提高，且只需一个人操作，选取测量菜单下的各类放样功能，输入放样点坐标或工程要素即可。

5.2.4 GNSS 卫星定位的主要误差来源

上述绝对定位精度不高，主要是由于在已知数据和观测数据中都含有大量误差的缘故。

一般来说，产生 GNSS 卫星定位的主要误差按其来源可以分为以下三类：

（1）与卫星相关的误差。

1）轨道误差：目前实时广播星历的轨道三维综合误差可达 10～20m。

2）卫星钟差：简单地说，卫星钟差就是 GNSS 卫星钟的钟面时间同标准 GNSS 时间之差。对于 GPS，由广播星历的钟差方程计算出来的卫星钟误差一般可达 10～20ns，引起等效距离误差小于 6m。

3）卫星几何中心与相位中心偏差：可以事先确定或通过一定方法解算出来。

为了克服广播星历中卫星坐标和卫星钟差精度不高的缺点，人们通过精确的卫星测量和复杂的计算技术，可以通过因特网提供事后或近实时的精密星历。精密星历中卫星轨道三维坐标精度可达 3～5cm，卫星钟差精度可达 1～2ns。

（2）与接收机相关的误差。

1）接收机安置误差：接收机相位中心与待测物体目标中心的偏差，一般可事先确定。

2）接收机钟差：接收机钟与标准的 GNSS 系统时间之差。对于 GPS，一般可达 10^{-5}～10^{-6}s。

3）接收机信道误差：信号经过处理信道时引起的延时和附加的噪声误差。

4）多路径误差：接收机周围环境产生信号的反射，构成同一信号的多个路径入射天线相位中心，可以用抑径板等方法减弱其影响。

5）观测量误差：对于 GPS 而言，C/A 码伪距偶然误差约为 1～3m；P 码伪距偶然误差约为 0.1～0.3m；相位观测值的等效距离误差约为 1～2mm。

（3）与大气传输有关的误差。

1）电离层误差：50～1000km 的高空大气被太阳高能粒子轰击后电离，即产生大量自由电子，使 GNSS 无线电信号产生传播延迟，一般白天强，夜晚弱，可导致载波天顶方向最大 50m 左右的延迟量。误差与信号载波频率有关，故可用双频或多频率信号予以显著减弱。

2）对流层误差：无线电信号在含水蒸气和干燥空气的大气介质中传播而引起的信号

传播延时，其影响随卫星高度角、时间季节和地理位置的变化而变化，与信号频率无关，不能用双频载波予以消除，但可用模型削弱。

5.3　三维激光扫描仪

5.3.1　三维激光扫描系统简介

三维激光扫描系统由三维激光扫描仪（见图 5-70）、数码相机、扫描仪旋转平台、软件控制平台、数据处理平台及电源和其他附件设备共同构成，是一种集成了多种高新技术的新型空间信息数据的获取手段。利用三维激光扫描技术，可以深入到任何复杂的现场环境及空间中进行扫描操作，并可以直接实现各种大型的、复杂的、不规则的、标准或非标准的实体或实景三维数据完整的采集，进而快速重构出实体目标的三维模型及线、面、体、空间等各种制图数据。同时，还可对采集的三维激光点云数据进行各种后处理分析，如测绘、计量、分析、模拟、展示、监测、虚拟现实等操作。采集的三维点云数据及三维建模结果可以进行标准格式转换，输出为其他工程软件能识别处理的文件格式。

图 5-70　三维激光扫描仪

5.3.2　三维激光扫描系统的工作原理

地面三维激光扫描系统的工作原理如图 5-71 所示，首先由激光脉冲二极管发射出激光脉冲信号，经过旋转棱镜，射向目标，然后通过探测器，接收反射回来的激光脉冲信号，并由记录器记录，最后转换成能够直接识别处理的数据信息，经过软件处理实现实体建模输出。

图 5-71　地面三维激光扫描系统工作原理

利用地面三维激光扫描系统对实体进行扫描时，扫描仪在水平和垂直两个方向上分别有分散的装置用于测量实体的特定部分。首先调制的激光光束经过电子装置部分（见图 5-72 中 A）发射出来，在遇到以高速率旋转的光学装置（通常为光学棱镜）（见图 5-72 中 D）时，在光学装置的表面光束发生反射并且激光以一个特定的角度（见图 5-72 中 B）发射到实体的表面上，并瞬间接收反射回来的信号。扫描仪在完成了一个剖面的测量后，扫描仪的上部（见图 5-72 中 C）就会围绕垂直轴以较小的角度进行顺时针或逆时针的旋转来进行下一个剖面测量的初始化。这样重复进行剖面扫描测量，连接多个剖面，构成一幅扫描块。一个完整的实体往往需要从不同的位置进行多次扫描才可获取完整的实体表面信息。为实现不同位置的多个扫描块之间的精确合并，通常要求不同的扫描块（点云）在交接处有小区域的重叠。

扫描过程中，在每个站点上都可以获取大量的点云数据，点云中每个点的位置信息都在扫描坐标系中以极坐标的形式来描述。扫描前，可以在待扫描的区域内布设所谓的"扫描控制点"，由 GPS 或者全站仪等传统测量的手段获取控制点的大地坐标。这样就可以把扫描获得的扫描仪坐标系下的扫描点云坐标转换为绝对的大地坐标，为各种工程应用提供标准通用的数据。目前新型的地面三维激光扫描系统不仅能够获取实体几何位置信息，还可以附带获取实体表面点的反射强度值。在不同位置进行扫描时，利用内置或外置的数码相机对扫描实体的影像信息进行采集，为点云后处理提供边缘位置信息和彩色纹理信息。数据获取完毕的首要工作就是依靠相应的软件，对扫描点云数据进行后处理、建模输出等工作，如图 5-73 所示。

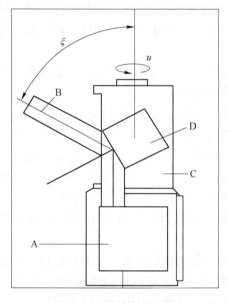

图 5-72　扫描实现过程

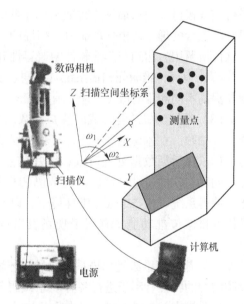

图 5-73　地面三维激光扫描系统工作示意图

5.3.3　三维激光扫描系统的特点

三维激光扫描系统，即系统选择激光作为能源进行扫描测量。该系统具有如下特点：

（1）快速性。激光扫描测量能够快速获取大面积目标空间信息。应用激光扫描技术进行目标空间数据采集，可以及时地测定实体表面立体信息，应用于自动监控行业。

（2）非接触性。地面三维激光扫描系统采用完全非接触的方式对目标进行扫描测量，获取实体的矢量化三维坐标数据，从目标实体到三维点云数据一次完成，做到真正的快速原形重构。可以解决危险领域的测量、柔性目标的测量、需要保护对象的测量以及人员不可到达位置的测量等工作。

（3）激光的穿透性。激光的穿透特性使得地面三维激光扫描系统获取的采样点能描述目标表面的不同层面的几何信息。

（4）实时、动态、主动性。地面三维激光扫描系统为主动式扫描系统，通过探测自身发射的激光脉冲回射信号来描述目标信息，使得系统扫描测量不受时间和空间的约束。系统发射的激光束是准平行光。避免了常规光学照相测量中固有的光学变形误差，拓宽了纵深信息的立体采集。这对实景及实体的空间形态及结构属性描述更加完整，采集的三维数据更加具有实效性和准确性。

（5）高密度、高精度特性。激光扫描能够以高密度、高精度的方式获取目标表面特征，在精密的传感工艺支持下，对目标实体的立体结构及表面结构的三维集群数据作自动立体采集。采集的点云由点的位置坐标数据构成，减少了传统手段中人工计算或推导所带来的不确定性，利用庞大的点阵和一定浓密度的格网来描述实体信息，采样点的点距间隔可以选择设置，获取的点云具有较均匀的分布。

（6）数字化、自动化。系统扫描直接获取数字距离信号，具有全数字特征，易于自动化显示输出，可靠性好。扫描系统数据采集和管理软件通过相应的驱动程序及 TCP/IP 或平行连线接口控制扫描仪进行数据的采集，处理软件对目标初始点/终点进行选择，具有很好的点云处理、建模处理能力，扫描的三维信息可以通过软件开放的接口格式被其他专业软件所调用，达到与其他软件的兼容性和互操作。

（7）地面三维激光扫描系统具有同步变化视距的激光自动聚焦功能，可以改善实测精度及提高不同测距的散焦效应，有利于对实体原形的逼近。

（8）系统随机外置（或内置）的数码相机可以协助扫描工作进行同步的监测、遥控、选位、拍照、立体编辑等操作，有利于现场目标选择、优化及对复杂空间或不友好环境下的工作。在后期数据处理阶段，图片信息可以对数据进行叠加、修正、调整、编辑、贴图。同时，软件通过平台接口对数码相机提供参数校准、定向和控制数码照片的采集功能。使得系统可在二维或三维环境下，以真彩色或色彩编码形式显示云点数据。同步现场操作的摄像校准功能，有利于现场发现问题现场解决，减少后处理工作的不确定性及返工。

（9）地面三维激光扫描系统对目标环境及工作环境的依赖性很小，其防辐射、防震动及防潮湿的特性有利于进行各种场景或野外环境的操作。系统提供扫描视场以及低、中、高三种分辨率的扫描方式，可在振荡模式下对物体重复扫描，为用户提供不同精度的扫描选择。扫描的次数决定采集全景空间内容的多少及后处理中数据拼接的次数，控制工作量的大小。用户根据需要，控制扫描的次数，进而改善多次拼接点云所引起的空间变形及拼接的接缝误差。

（10）新型扫描系统集成了 GPS 接收机等高精度定位装置，通过软件平台的坐标转换，可以把点云数据直接输出为大地坐标系下的坐标，从而方便生产需要。

5.3.4　三维激光扫描系统用于沉陷监测的可行性分析

地面三维激光扫描技术是新发展起来的测量技术，它突破传统数据采集的局限性，可以快速直接获得物体表面每个采样点的空间坐标，将此技术应用于矿山沉陷监测，将会获得大量全面的沉陷数据用于开采沉陷的监测与研究。下面就精度、技术、经济等问题对其可行性作具体分析。

（1）精度。三维激光扫描仪的单点定位精度，一般短距测量可达亚毫米级，长距测量亚厘米级，而其模型精度远高于此，表面平整的物体测得的模型精度可达 2~3mm。在矿区应用于地表移动观测时由于地表有一定的起伏变化，其模型精度也会降低。但是一般矿区的变形监测精度要求低于工程变形监测，能达到 10mm 的精度就可以了，而三维激光扫描的单点定位精度就已经可以做到。所以三维激光扫描的精度完全可以达到沉陷监测的要求。

（2）技术。由于三维激光扫描测量系统具有快速性、实时性、高密度、高精度等特点，所以使用它对开采沉陷引起的地表移动进行观测，可以较快地获得整个区域的空间位置及垂直相对位置的变化，从而确定整个地表移动区域的下沉情况。这样得到的结果更为全面、直观，为预计参数的求定和地表移动情况的分析提供了大量高精度的数据。

三维激光扫描仪获取的点云数据经过数据预处理、拼接匹配、建立模型，最终得到高精度的 DEM 模型，这一过程应用三维激光扫描仪配套的软件就可以完成。

将首次和末次观测得到的 DEM 模型相减，即得到整个区域对应任意坐标的下沉值，然后将区域划分成一定大小的格网，输出格网结点的坐标和下沉值，即获得整个区域的下沉数据。

由于三维激光扫描没有固定的测点，测得的只是坐标值，所以不能直接得到整个地区的水平移动值，所以在地表移动区域内，仍要埋设一些点，以确定下沉盆地的水平移动情况。

但是将下沉盆地拟合好以后，概率积分的其他参数已经确定，只剩下水平移动系数，所以只要在工作面边界上方埋设一定的点，扫描的时候立上标，即可得到这些点的水平移动，再根据已经拟合好的盆地模型，求取水平移动系数。

激光三维扫描以非接触方式采集数据，它能提供视场范围有效测程内的基于一定采样间距的采样点三维坐标，并具有较高的测量精度和极高的数据采集效率。与基于全站仪或GPS 的变形监测相比，其数据采集效率较高，且采样点数要多得多，形成了一个基于三维数据点的离散三维模型数据场，这能有效避免以往基于变形监测点数据的应力应变分析结果中所带有的局部性和片面性（即以点代面的分析方法的局限性）。这些技术优势决定了地面激光三维扫描技术在变形监测领域将有着广阔的应用前景。

地面激光三维扫描技术也有它的不足，如数据采集时若存在植被或农作物，就很难扫描到实际的地表，这是在数据采集和数据处理中都必须予以重视并解决的问题。

地面激光三维扫描技术在矿区地表沉陷监测中较其他变形监测技术手段（如全站仪、精密水准仪、GPS 和近景摄影等）在数据采集的效率、模型的数据精度、监测工作的难易程度、数据处理的速度和数据分析的准确性等方面都具有较明显的优势，可以应用于变形监测。

（3）经济。地面三维激光扫描仪目前在国内的价格还是比较昂贵的，但是它具有很高的工作效率，节省了大量人力和时间。比如，一个走向长 1000m、倾向长 200m 的工作面，总面积达到 0.2km²，监测面积按 0.3km² 算，加上 20% 的重叠率，就是 0.36km² 测程选择100m，每次监测的范围约是 0.03km²，算下来大约需要 20 多站，如果一站 40min，只需要2 天。由于走向两个方向地表移动变形相差不大，也可以只对监测范围的一半进行全面扫描，另一半只沿主断面扫，这样部分扫描大约 1 天就可以完成。所以虽然仪器价格昂贵，但是工作效率高，并且能够得到高密度、高质量的数据，从性价比来讲是比较划算的。

 习　题

5-1　简述全站仪的功能有哪些。

5-2　简述全站仪数据采集步骤。

5-3　GNSS 的主要组成部分有哪些？

5-4　什么是 RTK？RTK 的主要用途有哪些？

5-5　三维激光扫描仪的特点有哪些？

6 地 形 图

按一定法则，有选择地在平面上表示地球表面各种自然现象和社会现象的图，统称地图。按内容，地图可分为普通地图和专题地图。普通地图是综合反映地面上物体和现象一般特征的地图，内容包括各种自然地理要素（包括水系、地貌、植被等）和社会经济要素（例如居民点、行政区划及交通线路等），但不突出表示其中的某一种要素。专题地图是着重表示自然现象或社会现象中的某一种或几种要素的地图，如地籍图、地质图和旅游图等。本章主要介绍地形图，它是普通图的一种。地形图是按一定的比例尺，用规定的符号表示地物、地貌平面位置和高程的正射投影图。

由于在地形图上客观地反映了地物和地貌的变化情况，因此给分析、研究和处理问题带来了许多的方便。所以在经济、国防等各种工程建设中，均需要利用地形图进行规划、设计、施工及竣工管理。

6.1 地形图基础知识

各种地物和地貌采用专门的符号和注记表示在地形图上。为使全国采用统一的符号，国家测绘局制定并颁发了各种比例尺的《地形图图式》，供测图、读图和用图时使用。

地形图的内容相当丰富，下面介绍地形图的比例尺、图名、图号、图廓以及地物和地貌在地形图上的表示方法。

6.1.1 地形图的比例尺

地形图上任意线段的长度 d 与它所代表的地面上的实际水平长度 D 之比，称为地形图的比例尺。并将其注记在南图廓外下方中央位置。

6.1.1.1 比例尺的种类

A 数字比例尺

数字比例尺一般用分子为 1 的分数表示，即：

$$\frac{d}{D} = \frac{1}{\dfrac{D}{d}} = \frac{1}{M} \tag{6-1}$$

或写成 1:M，式中 M 为比例尺分母。M 越大，比值越小，即比例尺越小；反之，M 越小，则比值越大，因而比例尺也越大。

为了满足经济建设和国防建设的需要，测绘和编制了各种不同比例尺的地形图。按其大小一般分为：

（1）小比例尺：1:1000000、1:500000、1:200000；

（2）中比例尺：1:100000、1:50000、1:25000、1:10000；

（3）大比例尺：1:5000、1:2000、1:1000、1:500。

B　图示比例尺

为了用图方便，以及减弱由于图纸伸缩变形而引起的误差，通常在绘制地形图时，在地形图的正下方绘制一图示比例尺。图示比例尺有两条平行线构成，并把它们分成若干个2cm长的基本单位，把最左边的一个基本单位分成10等分。如图6-1所示为一1:500的图示比例尺。图示比例尺上所注数字以 m 为单位的实际距离，左边分为10等分，则一等分为1m（1:500）。图示比例尺除直观、方便外，在使用时不用进行计算。

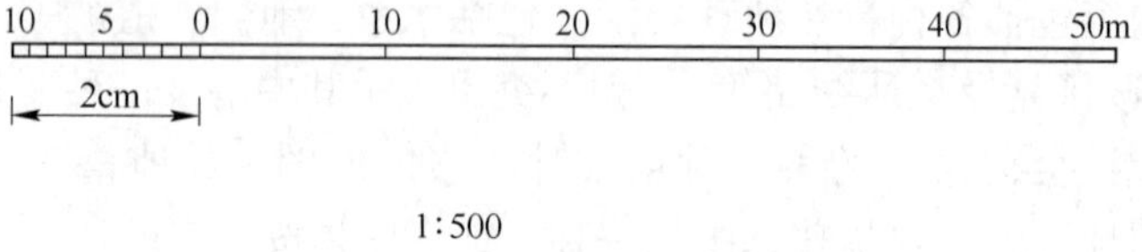

1:500

图6-1　图示比例尺

使用时，用分规的两脚尖（也可以用直尺）对准欲量距离的两点，然后将分规移至图示比例尺上，使一个脚尖对准"0"分划右侧的整分划线上，而使另一个脚尖落在"0"分划线左端的小分划段中，则所量的距离就是两个脚尖读数的总和，不足一小分划的零数用目估。

6.1.1.2　比例尺的精度

一般认为，通常人的肉眼能在图上分辨出的最小距离是 0.1mm，因此，把图上 0.1mm 所代表的实地水平距离，称为比例尺的精度，即 $0.1 \times M$mm。

根据比例尺的精度，可以确定测图时测量实地距离应准确的程度；此外，当设计规定确定了要表示地物的最短距离时，可根据比例尺精度确定测图比例尺。例如，测绘1:1000比例尺地形图时，其比例尺精度为 0.1m，因此，实地测量距离只需精确到 0.1m 即可；又如，若规定图上应表示出的最短距离为 0.5m，则所采用的图纸比例尺不应小于 $\frac{0.1mm}{500} = \frac{1}{5000}$。

表6-1为几种常用的大比例尺地形图的比例尺精度。由此可见，比例尺越大，表示地物和地貌的情况越详细，其精度也越高；比例尺越小，表示地形变化的状况越粗略，其精度也越低。但是必须指出，同一测区，采用较大比例尺测图往往比采用较小比例尺测图的工作量和投资将增加数倍。因此，在各类具体工程中，究竟采用何种比例尺的地形图，应从工程规划、施工的实际需要的精度出发，而不应盲目追求更大比例尺的地形图。

表6-1　比例尺精度表

比　例　尺	1:500	1:1000	1:2000	1:5000	1:10000
比例尺精度/m	0.05	0.10	0.20	0.5	1.0

6.1.2　地形图的分幅和编号

为了便于管理和使用地形图，需要将各种比例尺的地形图进行统一的分幅和编号。一般常用地形图的分幅与编号方法分为两类。一类是按经纬线分幅，称为梯形分幅法（又称为国际分幅法）；另一类是按坐标格网分幅的，称为矩形分幅法。

6.1.2.1 梯形分幅

梯形分幅以 1:1000000 地形图为基础，按经纬线度数和经差、纬差值进行分幅，其图幅形状为梯形。

地形图标准分幅的经度差是 6°，纬度差是 4°。如图 6-2 所示，从赤道起，每 4° 为一列，至北（南）纬 88° 各 22 行，依次用英文字母 A、B、C、…、V 表示其相应的列号，行号前冠以 "N" 或 "S" 区分北半球和南半球。自 180° 经线起，由西向东每 6° 为一列，将全球分为 60 列，依次用 1、2、…、60 表示行号。这样，每个梯形格网可用英文字母和阿拉伯数字进行编号。例如北京的地理经纬度为东经 116°20′，北纬 39°40′，则其所在 1:1000000 地形图的图号为 J50（中国国土都位于北半球，故省去编号前的字母 "N"）。

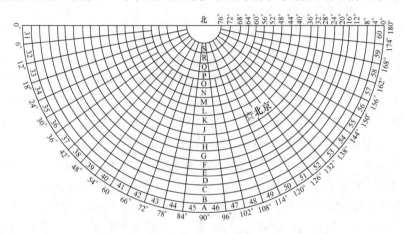

图 6-2　北半球东侧 1:1000000 地图的国际分幅与编号

国家基本比例尺地形图系列共八种。表 6-2 所示为各种基本比例尺地形图的图幅大小和分幅方法。

表 6-2　图幅数量关系及比例尺代码

比例尺	1:1000000	1:500000	1:250000	1:100000	1:50000	1:25000	1:10000	1:5000
比例尺代码	A	B	C	D	E	F	G	H
经　差	6°	3°	1°30′	30′	15′	7′30″	3′45″	1′52.5″
纬　差	4°	2°	1°	20′	10′	5′	2′30″	1′15″
行列数		2, 2	4, 4	12, 12	24, 24	48, 48	96, 96	192, 192
图幅数		4	16	144	576	2304	9216	36864

1:500000 ~ 1:5000 比例尺地形图的编号以 1:1000000 地形图编号为基础，加上比例尺编码（用英文字母 B、C、D、E、F、G、H 分别表示 1:500000 ~ 1:5000 地形图的代码）。再加上相应比例尺的行列代码（行列代码均为 3 位数），逐次加密划分而成。故 1:500000 ~ 1:5000 比例尺地形图的编号均由 5 个元素、10 位代码组成。如某 1:50000 地形图编号为

J50 E 011 020，编号中 J50 为 1:1000000 地形图编号，E 为比例尺代码，011 为行号，020 为列号。

梯形分幅的图廓点坐标可按经纬度查表得出，故各种比例尺的图廓尺寸不尽相同。

6.1.2.2 矩形分幅

大比例尺地形图一般采用矩形分幅，常用的图幅尺寸为 50cm×50cm 或 40cm×40cm。

按统一的直角坐标格网划分，以整公里数的纵横坐标线为图幅边界线。表 6-3 所示为各种大比例尺地形图正方形分幅及面积。

表 6-3 正方形分幅及面积

比例尺	图幅大小/cm	实际面积/km²	1:5000 图幅内的分幅数	每平方公里图幅数
1:5000	40×40	4	1	0.25
1:2000	50×50	1	4	1
1:1000	50×50	0.25	16	4
1:500	50×50	0.0625	64	16

矩形图幅的编号方法有以下几种：

（1）坐标编号法。坐标编号法一般采用该图幅西南角坐标的公里数为编号，x 坐标在前，y 坐标在后，中间用短线连接，即 x-y。例如某图西南角的 x 坐标为 24km，y 坐标为 30km，则该地形图的图号为 24-30。编号时，1:1000、1:2000 地形图取至 0.1km（如 24.0-30.0），1:500 地形图坐标值取至 0.1km（如 24.00-30.00）。

（2）系统编号法。系统编号法与梯形分幅编号的方法类似。某些工矿企业和城镇，面积较大，而且测绘有几种不同比例尺的地形图，编号时是以 1:5000 比例尺图为基础，并作为包括在本图幅中的较大比例尺的基本图号。例如，某 1:5000 图幅西南角的坐标值 $x=20.0$km，$y=10.0$km，则其图幅编号为"20-10"，如图 6-3 所示。这个图号将作为该图幅中较大比例尺所有图幅的基本编号。一幅 1:5000 的图可以划分为 4 幅 1:2000 的图，其编号是在 1:5000 图号的后面分别加上罗马数字 Ⅰ、Ⅱ、Ⅲ、Ⅳ，就是 1:2000 比例尺图幅的编号，如图 6-3 中的甲图幅，其编号为 20-10-Ⅰ。同样，1:2000 的图幅可以划分成 4 幅 1:1000 的图，其编号是在 1:2000 图号的后面分别加上 Ⅰ、Ⅱ、Ⅲ、Ⅳ，就是 1:1000 图幅的编号，如图 6-3 中的乙图幅，其编号为 20-10-Ⅳ-Ⅲ。而图 6-3 中的丙图幅（1:500 的比

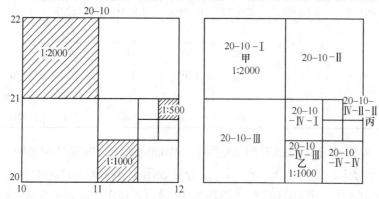

图 6-3 大比例尺地形图矩形分幅

例尺），其编号为 20-10-Ⅳ-Ⅱ-Ⅱ，它是在 1:1000 比例尺的图号后面再加上Ⅰ、Ⅱ、Ⅲ、Ⅳ，就是 1:500 比例尺图幅的编号。

6.1.3 地形图图外注记

6.1.3.1 图名和图号

图名即本图幅的名称，一般以本图幅内最著名的主要地名、厂矿企业、单位或行政及村庄的名称来命名。如图 6-4 所示，图名为热电厂。

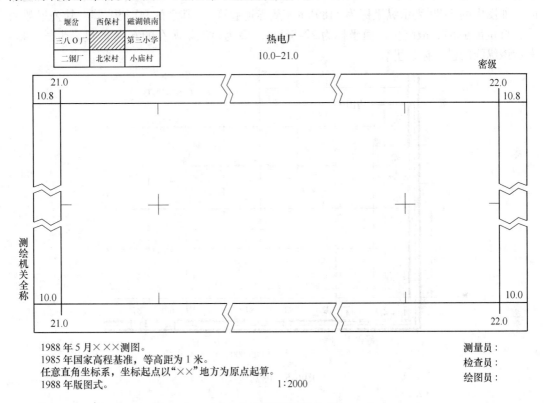

图 6-4 地形图图外注记

为了便于保管、使用及区别各幅地形图所在的位置关系，每幅地形图上都编有图号。图号就是根据地形图的分幅和编号方法编的号，并把它标注在北图廓上方的中央、图名的下方。

6.1.3.2 接图表

说明本幅图与相邻图幅的关系，供索取相邻图幅时用。通常是中间一格画有斜线的代表本图幅，四邻分别注明相应的图号（或图名），并绘注在图廓的左上方，如图 6-4 所示。在中比例尺各种图上，除了接图表外，还把相邻图幅的图号分别注在东、西、南、北图廓中间，进一步表明与四邻图幅的相互关系。

6.1.3.3 图廓

图廓是地形图的边界，矩形图幅只有内、外图廓之分。内图廓就是图幅的坐标格网线，也是该图幅的边界线。在内图廓外四角处注有坐标值，并在内图廓线内侧，每隔10cm绘有5mm的短线，表示坐标格网线的位置。在图廓内绘有10cm的坐标格网交叉点。外图廓是最外边的粗线，起装饰的作用。

在城市规划以及给排水线路等设计工作中，有时需要用1:10000或1:25000的地形图。这种图的图廓如图6-5所示，有内图廓、分图廓和外图廓之分。内图廓是经线和纬线，也是该图幅的边界线。图6-5中西图廓经线是东经128°45′，南图廓线是北纬46°50′。内、外图廓之间黑白相间的线条为分图廓，它绘成若干段黑、白相间的线条，每段黑线或白线的长度表示实地经差或纬差1′。分图廓和内图廓之间，注记了以km为单位的平面直角坐标值，如图中的5189表示纵坐标为5189km（从赤道起算），其余的90、91等，其公里数的千、百位都是51，故略去。横坐标为22482km，22为该图幅所在的6°带的投影带号，436表示该纵线的横坐标公里数。

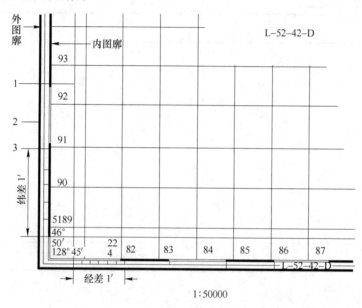

图6-5　图廓线

6.1.3.4　三北方向关系图

在中、小比例尺图的南图廓线的右下方，还绘有真子午线、磁子午线和坐标纵轴（中央子午线）方向这三者之间的角度关系，称为三北方向图，如图6-6所示。利用该关系图，可对图上任一方向的真方位角、磁方位角和坐标方位角三者之间作相互换算。此外，在南、北图廓线上，还绘有点 P 和 P'，该两点的连线即为该图幅的磁子午线方向，有了它可利用罗盘将地形图进行实地定向。

用于在地形图上量测坡度的是坡度尺，绘在南图廓外直线比例尺的左边。坡度尺的水平底线下边注有两行数字，上行是用坡度角表示的坡度，下行是对应的倾斜百分率表示的坡度，即坡度

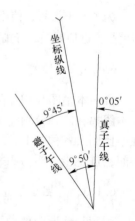

图6-6　三北方向关系图

角的正切函数值，如图 6-7 所示。

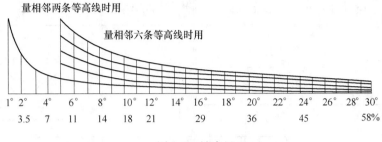

图 6-7　坡度尺

6.1.4　地形图符号

地形是地物和地貌的总称。地面上的地物和地貌，应按国家测绘总局颁发的《地形图图式》中规定的符号表示于图上。我国当前使用的、最新的大比例尺地形图图式是 2007年 12 月 1 日开始实施的《国家基本比例尺地图图式　第 1 部分：1:500 1:1000 1:2000 地形图图式》（GB/T 20257.1—2007）。表 6-4 是该图式部分符号、注记的表示方法。

表 6-4　1:500、1:1000、1:2000 地形图图式符号与注记

编号	符号名称	1:500、1:1000	1:2000	编号	符号名称	1:500、1:1000	1:2000
1	一般房屋 混—房屋结构 3—房屋层数	混 3	1.6	10	游泳池		泳
2	简单房屋			11	过街天桥		
3	建筑中的房屋		建	12	高速公路 a—收费站 0—技术等级代码	a 0	0.4
4	破坏房屋		破	13	等级公路 2—技术等级代码 （G325）—国道路线编号		2(G325) 0.2 0.4
5	棚房		45° 1.6				
6	架空房屋	砼 4 1.0 砼 砼 4	1.0	14	乡村路 a. 依比例尺的 b. 不依比例尺的	a 4.0 1.0 0.2 b 8.0 2.0 0.3	
7	廊房	混 3 1.0	1.0				
8	台阶	0.6 1.0 1.0		15	小路	1.0 4.0 0.3	
9	无看台的露天体育场	体育场					

编号	符号名称	1:500、1:1000	1:2000	编号	符号名称	1:500、1:1000	1:2000
16	内部道路			23	稻田		
17	阶梯路			24	常年湖		青湖
18	打谷场、球场		 球	25	池塘	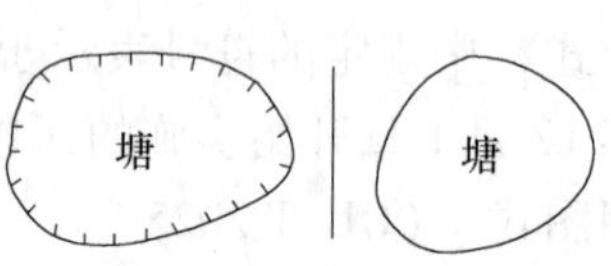 塘	塘
19	旱地			26	常年河 a. 水深线 b. 高水界 c. 流向 d. 潮流向 ⟵ 涨潮 ⟶ 落潮	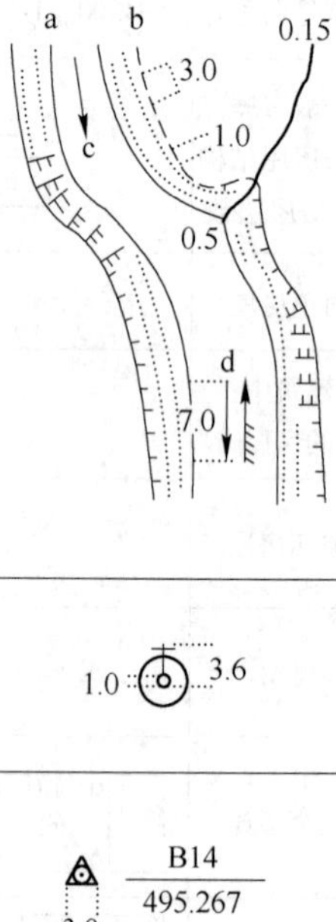	
20	花圃						
21	有林地	松 6		27	喷水池		
22	人工草地			28	GPS 控制点		B14 495.267

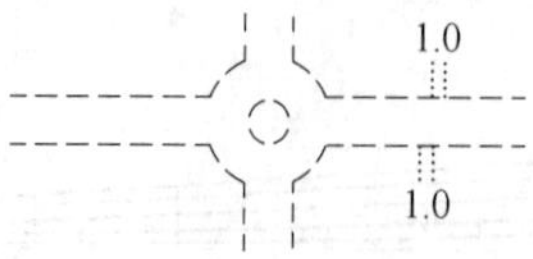

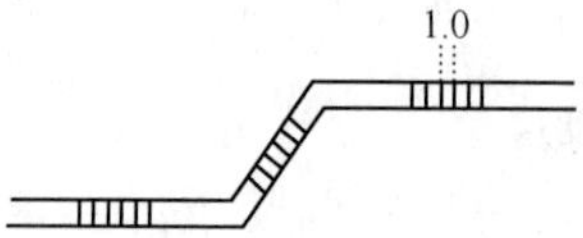

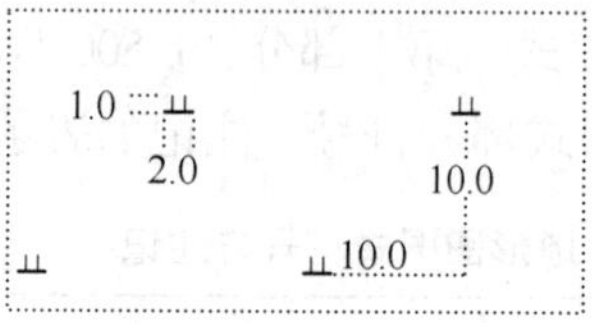

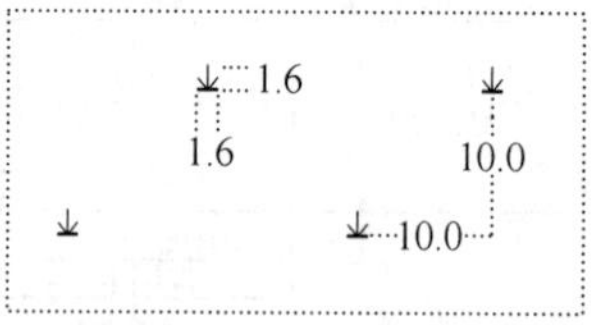

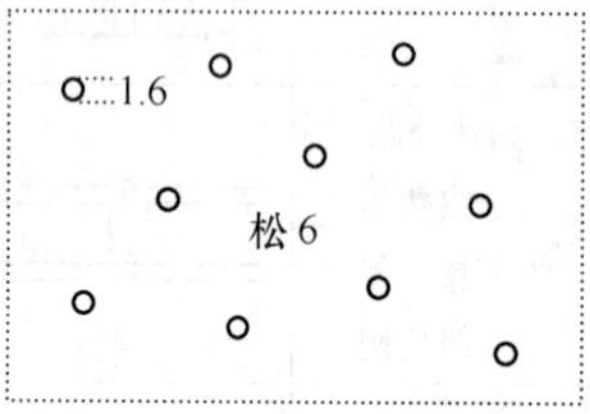

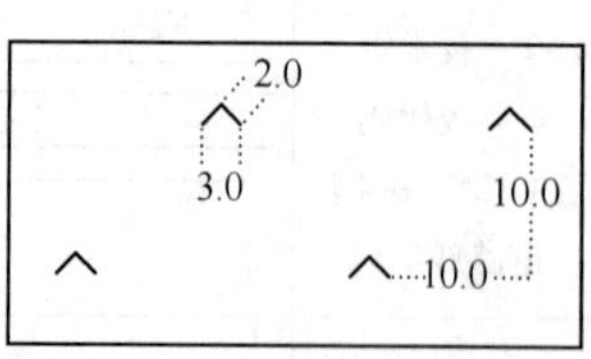

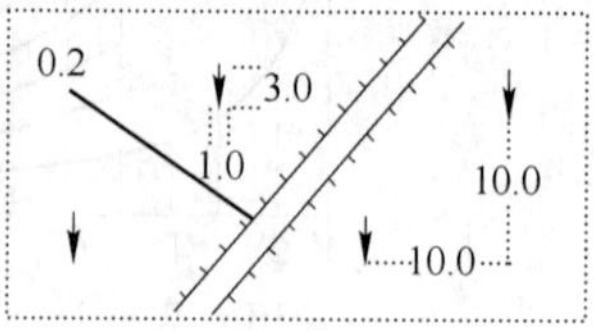

地形图图式中的符号有两类：地物符号和地貌符号。

6.1.4.1　地物符号

根据国家基本比例尺地形图图示，地物符号可以分为以下几类：

（1）依比例符号。地物依比例缩小后，长度和宽度能依比例尺表示的地物符号，如房屋、农田、草地、湖泊等。比例符号不仅能反映地物的平面位置，而且能反映出地物的形状和大小。

（2）半依比例符号。地物依比例缩小后，长度能依比例、宽度不能依比例表示的地物符号。在地形图图示中，符号旁只标注符号的宽度值，如围墙、电力线、管道、垣栅等。半依比例尺符号的中心线就是实际地物的中心线。

（3）不依比例符号。地物依比例缩小后，长度和宽度不能依比例表示的地物符号。在地形图图示中，符号旁标注符号的长度和宽度，如测量控制点、电线杆、独立树、路灯、检修井等，这种符号也称为非比例符号。显然，非比例符号只能表示地物的实地位置，而不能反映出地物的形状和大小。

6.1.4.2 地貌符号

地貌形态按其起伏变化大致可分为四种类型：地势起伏小、地面倾斜角在3°以下、比高不超过20m的称为平坦地；地面高低起伏大、倾斜角在3°~10°、比高不超过150m的称为丘陵地；高低起伏变化悬殊、倾斜角为10°~25°、比高在150m以上的称为山地；绝大多数地面倾斜角超过25°的称为高山地。

地形图上表示地貌的方法很多，而在测量上最常用的方法是等高线法。等高线又分为首曲线、计曲线、间曲线和助曲线。

A 等高线概念

等高线是地面上高程相等的相邻各点所连成的闭合曲线。如图6-8所示，有一山地被等间距的水平面所截，则各水平面与山地外围交线就是等高线。将每个水平面上的等高线沿铅垂线方向投影到一个水平面上，并按规定和比例尺缩绘到图纸上，便得到了用等高线表示的该山地的地貌图。这些等高线的形状和高程，客观地显示了该山地的空间形态。

B 等高距与等高线平距

地形图上相邻等高线间的高差，称为等高距，常用

图6-8 等高线示意图

h 表示，图6-7中 $h=10m$。等高距的大小根据地形图比例尺和地面起伏情况确定。同一幅地形图的等高距是相同的，因此地形图的等高距也称为基本等高距。

大比例尺地形图常用的基本等高距为 0.5m、1m、2m、5m 等。

等高线平距是地形图上相邻两条等高线各取一点所连直线的水平距离，常用 d 表示，它随地面起伏情况不同而改变。相邻两条等高线之间的坡度 (i) 为

$$i = \frac{h}{d \cdot M} \tag{6-2}$$

式中 M——地形图比例尺分母。

从式（6-2）中可以看出，地面坡度与等高距成正比，与等高线平距成反比。

测绘地形图时，要根据测图比例尺、测区地面的坡度情况和按国家规范要求选择合适的基本等高距。各种大比例尺地形图选择基本等高距情况见表6-5。

表 6-5   大比例尺地形图的基本等高距   （m）

地形类别比例尺	平地	丘陵地	山地	高山地
1:500	0.5	0.5	0.5 或 1	1
1:1000	0.5	0.5 或 1	1	1 或 2
1:2000	0.5 或 1	1 或 2	1 或 2	2
1:5000	0.5 或 1 或 2	1 或 2 或 5	2 或 5	5

C   等高线的分类

等高线分为首曲线、计曲线、间曲线和助曲线。

（1）首曲线。在地形图上，从高程基准面起算，按规定的基本等高距描绘的等高线称为首曲线。首曲线是地形图上最主要的等高线，一般用 0.15mm 宽的细实线绘制。

（2）计曲线。从高程基准面起算，每隔 5 个基本等高距加粗一条等高线，称为计曲线。例如基本等高距为 2m 的等高线中，高程 10m、20m、30m、40m 等 10m 的倍数的等高线为计曲线。一般为了用图和计算高程的方便，只在计曲线上注记高程，字头指向高处。计曲线一般用 0.3mm 宽的粗实线绘制。

（3）间曲线。在地势比较平坦的地方，地形图上首曲线不足以反映地貌特征时，可在相邻两条等高线之间加绘一条 1/2 基本等高距的等高线，称为间曲线。间曲线一般用 0.15mm 的长虚线表示，描绘时可不闭合。

（4）助曲线。当首曲线和间曲线仍不能反映地貌特征时，可在相邻两条等高线之间加绘 1/4 基本等高距的等高线，称为助曲线。助曲线一般用 0.15mm 宽的短虚线表示，描绘时可不闭合。

D   几种典型地貌的等高线

地球表面形态千变万化，但仍可归纳为几种典型地貌的综合，主要有山头和洼地、山脊和山谷、鞍部、陡崖和悬崖等。了解和熟悉典型地貌的等高线的特征，有助于正确地识读、应用和测绘地形图。

（1）山头和洼地。地势向中间凸起而高于四周的称为山头；地势向中间凹下且低于四周的称为洼地，如图 6-9 和图 6-10 所示，山头和洼地的等高线，都是一组闭合曲线，形状

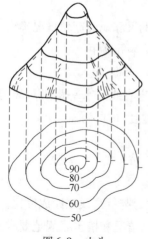

图 6-9   山头

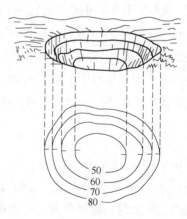

图 6-10   洼地

相似，可根据注记的高程来区分，其区别在于：山头的等高线由外圈向内圈高程逐渐增加，洼地的等高线外圈向内圈高程逐渐减小，也可以用示坡线来指示斜坡向下的方向。在山头、洼地的等高线上绘出示坡线，有助于地貌的识别。

（2）山脊和山谷。山脊的等高线均凸向下坡方向，两侧基本对称，如图6-11所示。山脊线是山体延伸的最高棱线，也称分水线。

山谷的等高线均凸向高处，两侧也基本对称。山谷线是谷底点的连线，是雨水汇集流动的地方，所以也称集水线。山脊线和山谷线是表示地貌的特征线，所以也称地性线。地性线是构成地貌的骨架，在测图、识图及用图中具有重要的作用。

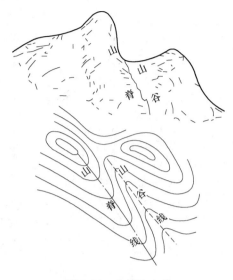

图6-11 山脊和山谷

（3）鞍部。相邻两个山头之间的低洼部分像马鞍，称为鞍部。鞍部左右两侧的等高线是近似对称的两组山脊线和两组山谷线的组合，如图6-12所示。

（4）陡崖、断崖和悬崖。陡崖是坡度在70°以上的陡峭崖壁。如果用等高线表示，将非常密集或重合为一条线，因此采用陡崖符号来表示这部分等高线，如图6-13（a）所示。

断崖是垂直的陡坡，这部分的等高线几乎重合在一起，所以在地形图上常常用锯齿形的符号来表示，如图6-13（b）所示。

悬崖是上部突出、下部凹进的陡坡。悬崖上部的等高线投影到水平面时，与下部的等高线相交，下部凹进的等高线部分用虚线表示，如图6-13（c）所示。

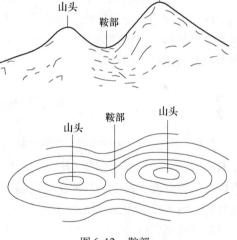

图6-12 鞍部

E　等高线的特征

用等高线表示地貌，可以归纳出等高线具有如下特征：

（1）同一条等高线上所有点的高程一定相等，但高程相等的点不一定在同一等高线上。

（2）等高线是闭合曲线，不能中断（间曲线和助曲线除外），如果不在同一幅图内闭合，则必定在相邻的其他图幅内闭合（但等高线遇上地物时中断）。

（3）除陡崖、悬崖外，不同高程等高线不相交、不重合。

（4）地性线与山谷和山脊的等高线正交，即地性线应和改变方向处的等高线的切线垂直相交，如图6-11所示。

（5）在同一幅地形图内，基本高线距是相同的。地面坡度与等高距成正比，与等高线

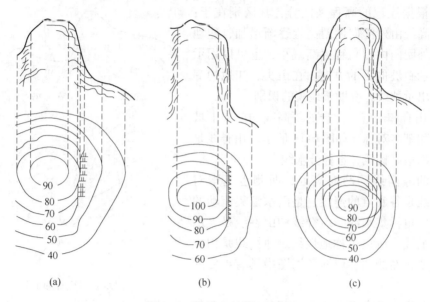

图6-13　陡崖、断崖、悬崖

平距成反比。坡度一致的倾斜地面的等高线是一组间距相等且平行的直线。

地形图是表示地物、地貌平面位置和高程的正射投影图，因此，测绘的基本工作就是确定地面上地物、地貌特征点的位置。为了保证所测点位的精度，减少误差积累，测绘过程中应该遵循"从整体到局部，先控制后碎部"的原则，测量工作需先建立控制网，然后根据控制网进行碎部测量。

6.2　小区域控制测量

控制网分为平面控制网和高程控制网。测定控制点平面位置 (x,y) 的工作，称为平面控制测量；测定控制点高程（H）的工作，称为高程控制测量。国家控制网是在全国范围内建立的控制网，是全国各种比例尺测图的基本控制，并为确定地球的形状和大小提供研究资料。国家控制网是用精密测量仪器和方法，依照施测精度，按一、二、三、四等四个等级逐级控制建立的。

平面控制测量是确定控制点的平面位置。建立平面控制网的经典方法有三角测量和导线测量。如图6-14所示，一等三角锁是国家平面控制网的骨干。二等三角网布设于一等三角锁环内，是国家平面控制网的全面基础。三、四等三角网为二等三角网的进一步加密。平面控制网除了经典的三角测量和导线测量外，还有卫星大地测量。随着科学技术和现代化测量仪器的出现，三角测量这一传统定位技术大部分已被卫星定位技术所取代。《全球定位系统（GPS）测量规范》（GB/T 18314—2009）将 GPS 控制网分为 A～E 五个等级。

图6-15是国家水准网布设示意图。一等水准网是国家高程控制网的骨干。二等水准网布设于一等水准环内，是国家高程控制网的全面基础。三、四等水准网为国家高程控制网的进一步加密。建立国家高程控制网，采用精密水准测量的方法。

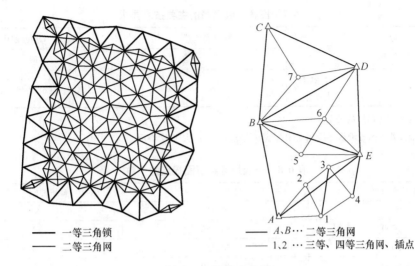

—— 一等三角锁
—— 二等三角网

—— A、B… 二等三角网
—— 1、2… 三等、四等三角网、插点

图 6-14 国家三角网

在城市或厂矿地区，一般就在上述国家控制点的基础上，根据测区的大小、城市规划和施工测量的要求，布设不同等级的城市平面控制网，以供地形测图和施工放样使用。

按《工程测量规范》（GB 50026—2007），平面控制网中导线测量的主要技术要求见表 6-6 和表 6-7。

直接供地形测图使用的控制点，称为图根控制点，简称图根点。测定图根点位置的工作，称为图根控制测量。图根点的密度（包括高级点），取决于测图比例尺和地物、地貌的复杂程度。平坦开阔地区图根点的密度可参考表 6-8 的规定；困难地区、山区，表中规定的点数可适当增加。

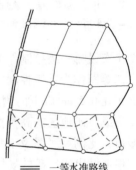

—— 一等水准路线
—— 二等水准路线
—— 三等水准路线
--- 四等水准路线

图 6-15 国家水准网

表 6-6 导线测量的主要技术要求

等级	导线长短 /km	平均长度 /km	测角中误差 /″	测距中误差 /mm	测距相对中误差	测回数 DJ$_1$	测回数 DJ$_2$	测回数 DJ$_6$	方位角闭合差	相对闭合差
三等	14	3	±1.8	±20	≤1/150000	6	10		±3.6$\sqrt{n}$	≤1/55000
四等	9	1.5	±2.5	±18	≤1/80000	4	6		±5$\sqrt{n}$	≤1/35000
一级	4	0.5	±5	±15	≤1/30000		2	4	±10$\sqrt{n}$	≤1/15000
二级	2.4	0.25	±8	±15	≤1/14000		1	3	±16$\sqrt{n}$	≤1/10000
三级	1.2	0.1	±12	±15	≤1/700		1	2	±24$\sqrt{n}$	≤1/5000

注：1. 表中 n 为测站数。
2. 当测区测图的最大比例尺为 1:1000 时，一、二、三级导线的平均边长及总长可适当放长，但不应大于规定的 2 倍。

表 6-7　图根导线测量的主要技术要求

导线长度 /m	相对 闭合差	边长	测角中误差/″		DJ$_6$ 测回数	方位角闭合差/″	
			一般	首级控制		一般	首级控制
≤1.0M	≤1/2000	≤1.5 测图 最大视距	±30	±20	1	±60$\sqrt{n}$	±40$\sqrt{n}$

注：1. M 为测图比例尺的分母。

　　2. 隐蔽或施测困难地区导线相对闭合差可放宽，但不应大于 1/1000。

表 6-8　一般地区解析图根点的个数

测图比例尺	图幅尺寸/cm	解析控制点/个
1:500	50×50	8
1:1000	50×50	12
1:2000	50×50	15
1:5000	40×40	30

注：1. 表中所列点数指施测该幅图时，可利用的全部解析控制点。

　　2. 当采用电子速测仪测图时，控制点数量可适当减少。

　　至于布设哪一级控制作为首级控制，主要应根据城市或厂矿的规模来确定。中小城市一般以四等网作为首级控制网。面积在 15km² 以下的小城镇，可用一级导线网作为首级控制。面积在 0.5km² 以下的测区，图根控制网可作为首级控制。厂区可布设建筑方格网。

　　城市或厂矿地区的高程控制分为二、三、四等水准测量和图根水准测量等几个等级，它是城市大比例尺测图及工程测量的高程控制，其主要技术要求见表 6-9 和表 6-10。同样，应根据城市或厂矿的规模确定城市首级水准网的等级，然后再根据等级水准点测定图根点的高程。

表 6-9　水准测量的主要技术要求

等级	每 km 高差全中 误差/mm	路线长度 /km	水准仪的 型号	水准尺	观测次数		往返较差、附合或环线闭合差/mm	
					与已知点联测	附合或环线	平地	山地
二等	±2	—	DS$_1$	铟瓦	往返各一次	往返各一次	±4$\sqrt{L}$	—
三等	±6	≤50	DS$_1$	铟瓦	往返各一次	往一次	±12$\sqrt{L}$	±4$\sqrt{n}$
			DS$_3$	双面		往返各一次		
四等	±10	≤16	DS$_3$	双面	往返各一次	往一次	±20$\sqrt{L}$	±6$\sqrt{n}$
五等	±15	—	DS$_3$	单面	往返各一次	往一次	±30$\sqrt{L}$	—

注：1. 结合之间或结点与高级点之间，其路线的长度，不应大于表中规定的 0.7 倍。

　　2. L 为往返测段，附合或环线的水准路线长度（单位为 km）；n 为测站数。

表 6-10　图根水准测量的主要技术要求

仪器类型	1km 高差中 误差/mm	附合路线 长度/km	视线长度 /m	观测次数		往返较差、附合或环线 闭合差/mm	
				与已知点联测	附合或环线	平地	山地
DS$_{10}$	±20	≤5	≤100	往返各一次	往返各一次	±40$\sqrt{L}$	±12$\sqrt{n}$

水准点间的距离，一般地区为 2 ~ 3km，城市建筑区为 1 ~ 2km，工业区小于 1km。一个测区至少设立三个水准点。

本章结合地质、采矿工程的实际需要，着重介绍小地区（$10km^2$）控制网建立的有关问题。下面将介绍用导线测量建立平面。

6.2.1 导线测量

将测区内相邻控制点用直线连接而构成的折线，称为导线。构成导线的控制点，称为导线点。导线测量就是依次测定各导线边的长度和各转折角；根据起算数据，推算各边的坐标方位角，计算各边的坐标增量，从而求出各导线的坐标。

导线测量是建立小地区平面控制网的常用的一种方法。特别是在地物分布较复杂的建筑区和矿区，视线障碍较多的隐蔽区、狭窄区和带状地区及地下，多采用导线测量的方法。

导线测量根据测区的不同情况和要求，可布设成闭合导线、附合导线、支导线或导线网。

（1）闭合导线。起止于同一已知点的导线，称为闭合导线。如图 6-16 所示，导线从已知高级控制点 B 和已知方向 AB 出发，经过 1、2、3、4 点，最后仍回到起点 B，形成一闭合多边形。它有三个检核条件：一个多边形内角和条件与两个坐标增量条件。

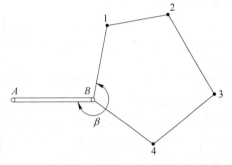

图 6-16　闭合导线

（2）附合导线。布设在两已知点（或两已知边）之间的导线，称为附合导线。如图 6-17 所示，导线从高一级控制点 B 和已知方向 AB 出发，经过 1、2、3、4 点，最后附合到另一已知高级控制点 C 和已知方向 CD。它有三个检核条件：一个多边形内角和条件与两个坐标增量条件。

（3）支导线。由一已知点和一已知方向出发，既不附合到另一已知点，又不回到原起始点的导线，称为支导线。如图 6-18 所示，B 为已知控制点，α_{AB} 为已知方向，1、2 为支导线点。因为导线缺乏检核条件，不易发现错误，故其边数一般不超过 3 ~ 4 条。

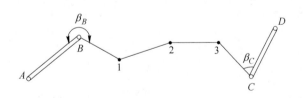

图 6-17　附合导线

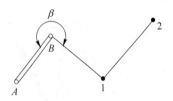

图 6-18　支导线

（4）导线网。由若干个闭合导线、附合导线组成的闭合网成为导线网。导线网检核条件多，精度高，多用于城市控制网。在地形复杂的高精度控制网，也适宜布设成导线网的形式。

导线测量的外业工作包括踏勘选点及建立标志、量距、测角等工作。

6.2.1.1　导线点的选择

在踏勘选点前，应调查和收集测区已有的地形图及高一级控制点的成果资料，并把控制点展绘在地形图上，然后在地形图上拟定导线的布设方案，最后到野外去踏勘，实地察看核对、修改、落实点位和建立标志。如果测区内没有地形图资料，则需详细踏勘现场，根据已知控制点的分布、测区地形条件及测图和施工需要等具体情况，合理地选定导线点的位置。

实地选点时，应注意以下几点：

（1）相邻点之间应通视良好，地势较平坦，便于角度测量和距离测量。

（2）点位应选在土质坚实处，便于安置仪器和保存标志。

（3）视野应开阔，便于测绘周围的地物和地貌。

（4）导线各边的平均长度应参照表6-6、表6-7的规定，大致相等，除特殊情形外，应不大于350m，也不宜小于50m，相邻边长尽量不使其长短相差悬殊。

（5）导线点应有足够的密度，分布较均匀，便于控制整个测区。表6-11是图根点的密度要求。

表 6-11　图根点的密度

测图比例尺	1:500	1:1000	1:2000	1:5000
图根点密度/点·km^{-2}	150	50	15	5

导线点选定后，应在点位上埋没标志。一般的图根点，常在每一点位上打一大木桩，在木桩的周围浇灌一圈混凝土，桩顶钉一小钉，如图6-19所示，作为临时性标志（也可在水泥地面用红油漆划一圆圈，在圆内点一小点）。如果导线点需要长时间保存，就要埋没混凝土桩（见图6-20）或石桩，桩顶刻"十"字或嵌入一带"十"字的金属标志，或将标志直接嵌入水泥地面，作为永久性标志。导线点应按顺序统一编号。为了便于寻找，应量出导线点与附近固定而明显的地物点之间的距离，绘一草图，注明尺寸，称为点之记，如图6-21所示。

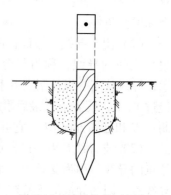

图 6-19　导线点临时标志

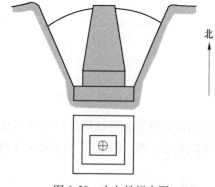

图 6-20　永久性标志图

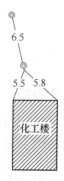

图 6-21　点之记

6.2.1.2　导线的外业测量

（1）边长测量。图根导线边长可以使用检定过的钢尺丈量或检定过的光电测距仪测量。钢尺量距宜采用双次丈量方法，其较差的相对误差不应大于1/3000。钢尺的尺长改数大于1/10000时，应加尺长改正；量距时，平均尺温与检定时温度相差大于±10℃时，应进行温度改正；尺面倾斜大于1.5%时，应进行倾斜改正。

（2）导线转折角测量。导线转折角是指在导线点上由相邻导线边构成的水平角。导线转折角分为左角和右角。在导线前进方向左侧的水平角称为左角，右侧的水平角称为右角。如果观测没有误差，在同一个导线点测得的左角与右角之和应等于360°。图根导线的转折角可以使用 DJ_6 经纬仪测回法观测一测回。

（3）连接角测量。当导线需要与高级控制点连接时，如图6-22所示，必须观测连接角 β_A 和 β_1，连接边 D_{A1}，作为传递坐标方位角和坐标之用，以便求得导线起始点的坐标和起始边的坐标方位角。如果附近无高级控制点，则应用罗盘仪施测导线起始边的磁方位角，并假定起始点的坐标，作为导线的起算数据，由此而建立独立的平面直角坐标系。

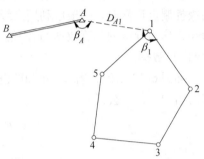

图6-22　导线与高级控制点连接

6.2.1.3　导线测量内业

导线测量内业计算的目的就是根据起始点的坐标和起始边的坐标方位角以及所测得的导线边长和转折角，计算各导线点的坐标。

A　坐标计算基本公式

a　坐标正算

根据已知点的坐标、已知边长及该边的坐标方位角，计算未知点的坐标，称为坐标的正算。如图6-23所示，设 A 点的坐标 x_A、y_A 和 A、B 边的边长 S_{AB} 及其坐标方位 α_{AB} 为已

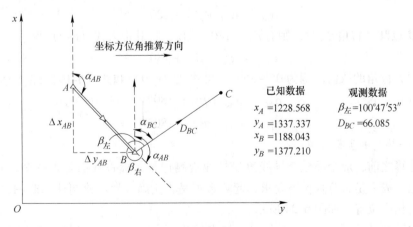

图6-23　坐标增量与坐标方位角

知，则未知点 B 的坐标为

$$x_B = x_A + \Delta x_{AB} \atop y_B = y_A + \Delta y_{AB}\Bigg\} \tag{6-3}$$

式中　Δx_{AB}，Δy_{AB}——坐标增量，也就是直线两端点 A、B 的坐标值之差。

根据图 6-22 中三角原理，坐标增量的计算公式为：

$$\Delta x_{AB} = x_B - x_A = D_{AB}\cos\alpha_{AB} \atop \Delta x_{AB} = y_B - x_A = D_{AB}\sin\alpha_{AB}\Bigg\} \tag{6-4}$$

b　坐标反算

根据两个已知点的坐标求算两点间的边长及其方位角，称为坐标反算。当导线与已知高级控制点连测时，一般应利用高级控制点的坐标，反算出高级控制点间的坐标方位角和边长，作为导线的起算数据与校核。此外，在施工放样前，也要利用坐标反算求出测设（放样）数据。

如图 6-23 所示，若 A、B 为两已知点，其坐标分别为 x_A、y_A 和 x_B、y_B 根据三角原理，可写出如下计算公式：

$$D_{AB} = \sqrt{\Delta x_{AB}^2 + \Delta y_{AB}^2} \tag{6-5}$$

$$\tan\alpha_{AB} = \frac{\Delta y_{AB}}{\Delta x_{AB}} = \frac{y_B - y_A}{x_B - x_A} \tag{6-6}$$

或

$$R_{AB} = \tan^{-1}\left|\frac{y_B - y_A}{x_B - x_A}\right| \tag{6-7}$$

按公式计算出的是象限角，因此必须根据坐标增量 Δx_{AB}、Δy_{AB} 的正负号确定 AB 边象限角所在的象限，然后再根据表 3-1 坐标方位角与象限角的换算关系把象限角换算为 AB 边坐标方位角。

c　坐标方位角的推算

根据坐标反算公式可计算出 AB 边坐标方位角，在 B 点安置经纬仪观测了水平角，则

$$\alpha_{AB} - \alpha_{BC} = 180° - \beta_{左} \tag{6-8}$$

即

$$\alpha_{BC} = \alpha_{AB} + \beta_{左} - 180° \tag{6-9}$$

当在 B 点观测右角 $\beta_{右}$ 时，则有 $\beta_{右} = 180° - \beta_{左}$，将其带入式（6-9）得

$$\alpha_{BC} = \alpha_{AB} - \beta_{右} + 180° \tag{6-10}$$

顾及到方位角的取值范围为 $0° \sim 360°$，可将式（6-9）和式（6-10）综合为

$$\alpha_{BC} = \alpha_{AB} + \beta_{左} \pm 180° \atop \alpha_{BC} = \alpha_{AB} - \beta_{右} \pm 180°\Bigg\} \tag{6-11}$$

B　闭合导线的坐标计算

导线计算之前，应全面检查导线测量外业观测记录，检查数据是否齐全，有无记错、算错和漏记，成果是否符合精度要求，起算数据是否正确。然后绘制计算略图，把各项数据注于图上相应位置，如图 6-24 所示。

在图中已知 A 点的坐标 (x_A, y_A)，B 点的坐标 (x_B, y_B)，计算出坐标方位角 α_{AB}，如果导线的前进方向为 $B \rightarrow 1 \rightarrow 2 \rightarrow 3 \rightarrow B$，则图中观测的 4 个转角及连接角为左角，由 α_{AB}

及连接角 B 可以计算出坐标方位角 α_{AB}。内业计算的目的是求 1、2、3 点的坐标，全部计算在表 6-12 中进行，计算方法和步骤如下：

（1）角度闭合差的计算与调整。n 边形闭合导线内角和的理论值为

$$\sum \beta_{理} = （n-2）\times 180° \qquad （6\text{-}12）$$

由于观测角不可避免地含有误差，致使实测的内角之和 $\sum \beta_{测}$ 不等于理论值，而产生角度闭合差 f_{β}，即

$$f_{\beta} = \sum \beta_{测} - \sum \beta_{理} \qquad （6\text{-}13）$$

各级导线角度闭合差的容许值 $f_{\beta容}$，见表 6-6 和表 6-7。$f_{\beta} \geq f_{\beta容}$，则说明所测角度不符合要求，应重新检测角度。若 $f_{\beta} \leq f_{\beta容}$，即可将闭合差反符号平均分配到各观测角中。即

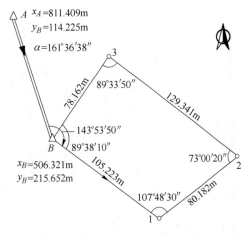

图 6-24 闭合导线

$$v_{\beta} = -\frac{f_{\beta}}{n} \qquad （6\text{-}14）$$

然后将 v_{β} 加至各观测角 β_i 上，求出改正后角值：

$$\hat{\beta}_i = \beta_i + v_{\beta} \qquad （6\text{-}15）$$

角度改正数和改正后的角值在表 6-13 的第 3、4 列中进行。改正后之内角和应为 $（n-2）\times 180°$，本例应为 360°，$\sum v = -f_{\beta}$，以资检核。

（2）坐标方位角的推算。由式（6-11）得坐标方位角的推算公式为

$$\left.\begin{array}{l} \alpha_{BC} = \alpha_{AB} + \hat{\beta}_{左} \pm 180° \\ \alpha_{BC} = \alpha_{AB} - \hat{\beta}_{右} \pm 180° \end{array}\right\} \qquad （6\text{-}16）$$

方位角的计算在表 6-12 的第 5 列进行。

（3）坐标增量的计算与调整。求出边长 D_{ij} 的坐标方位角 α_{ij} 后，由式（6-4）计算各边坐标增量，即

$$\left.\begin{array}{l} \Delta x_{ij} = D_{ij}\cos\alpha_{ij} \\ \Delta y_{ij} = D_{ij}\sin\alpha_{ij} \end{array}\right\} \qquad （6\text{-}17）$$

坐标增量的计算结果填入表 6-12 的第 7、8 列。

导线边的坐标增量和导线点坐标的关系如图 6-25（a）所示。由图可知，闭合导线各边纵、横坐标增量代数和的理论值应分别等于零，即有

$$\left.\begin{array}{l} \sum \Delta x_{理} = 0 \\ \sum \Delta y_{理} = 0 \end{array}\right\} \qquad （6\text{-}18）$$

由于边长观测值和调整后的角度值有误差，造成坐标增量也有误差。设纵、横坐标增量闭合差分别为 f_x，f_y，则有

$$\left.\begin{array}{l} f_x = \sum \Delta x_{测} - \sum \Delta x_{理} = \sum \Delta x_{测} \\ f_y = \sum \Delta y_{测} - \sum \Delta y_{理} = \sum \Delta y_{测} \end{array}\right\} \qquad （6\text{-}19）$$

表 6-12　光电测距图根闭合导线坐标计算表

点号	观测角(左角)	改正数	改正后角值	坐标方位角	距离/m	坐标增量		改正后的坐标增量		坐标值		点号
						x/m	y/m	$\hat{\Delta x}/m$	$\hat{\Delta y}/m$	$\hat{x}/m$	$\hat{y}/m$	
1	2	3	4	5	6	7	8	9	10	11	12	13
1	107°48′30″	−13″	107°48′17″									B
B				125°30′28″	105.223	−14 / −61.115	+19 / +85.655	−61.129	+85.674	506.321	215.652	1
1	73°00′20″	−12″	73°00′08″	53°18′45″	80.182	−11 / +47.905	+15 / +64.298	+47.894	+64.313	445.192	301.326	2
2	89°33′50″	−12″	89°33′38″	306°18′53″	129.341	−18 / +76.598	+24 / −104.220	+76.580	−104.196	493.086	365.639	3
3	89°38′10″	−13″	89°37′57″	215°52′31″	78.162	−11 / −63.334	+14 / −45.805	−63.345	−45.791	569.666	261.443	B
B				125°30′28″						506.321	215.652	1
1												
总和	360°00′50″	−50″	360°00′00″		392.908	+0.054	−0.072	0	0			

辅助计算

$\sum\beta_{测}=360°00'50''$

$\sum\beta_{理}=360°$

$f_\beta=\sum\beta_{测}-\sum\beta_{理}=50''$

$f_{\beta允}=\pm40\sqrt{n}=\pm80''$

$f_x=\sum\Delta x_{测}=54\text{mm};\ f_y=\sum\Delta y_{测}=72\text{mm}$

$f_D=\sqrt{f_x^2+f_y^2}=89\text{mm}$

$$K=\frac{f_D}{\sum D}=\frac{1}{\dfrac{\sum D}{f_D}}=\frac{1}{4405}\leqslant\frac{1}{4000}$$

表6-13 光电测距图根附合导线坐标计算表

点号	观测角(左角)	改正数	改正后角值	坐标方位角	距离/m	坐标增量		改正后的坐标增量		坐标值		点号
						x/m	y/m	$\Delta x/m$	$\Delta y/m$	$\hat{x}/m$	$\hat{y}/m$	
1	2	3	4	5	6	7	8	9	10	11	12	13
A				237°59′30″								A
B	91°01′00″	+6″	91°01′06″	157°00′36″	225.853	+45 −207.914	−46 +88.212	−207.869	+88.166	2507.693	1215.632	B
1	167°45′36″	+6″	167°45′42″	144°46′18″	139.032	+28 −113.570	−28 +80.199	−113.542	+80.171	2299.824	1303.789	1
2	123°11′24″	+6″	123°11′30″	87°57′48″	172.571	+35 +6.133	−35 +172.462	+6.168	+172.427	2186.282	1383.969	2
3	189°20′36″	+6″	189°20′42″	97°18′30″	100.074	20 −12.730	−20 +99.261	−12.710	+99.241	2192.450	1556.396	3
4	179°59′18″	+6″	179°59′24″	97°17′54″	102.485	20 −13.019	−21 101.655	−12.999	+101.634	2179.740	1655.673	4
C	129°27′24″	+6″	129°27′30″	46°45′24″						2166.741	1757.271	C
D									+541.639			D
总和	888°45′18″	+36″	888°45′54″		740.015	−341.100	+541.789					

辅助计算：

$$f_\beta = \alpha'_{CD} - \alpha_{CD}$$
$$= 46°44′48″ - 46°45′24″$$
$$= -36″$$
$$f_{\beta允} = \pm 60″\sqrt{n} = \pm 147″$$

$$x_C - x_B = -340.952$$
$$y_C - y_B = 541.639$$
$$f_x = \sum \Delta x_{测} - (x_C - x_B) = -0.148$$
$$f_y = \sum \Delta y_{测} - (y_C - y_B) = +0.150\text{m}$$

$$f_D = \sqrt{f_x^2 + f_y^2} = 0.211\text{m}$$
$$K = \frac{f_D}{\sum D} = \frac{1}{\dfrac{\sum D}{f_D}} = \frac{1}{3507} < \frac{1}{2000}$$

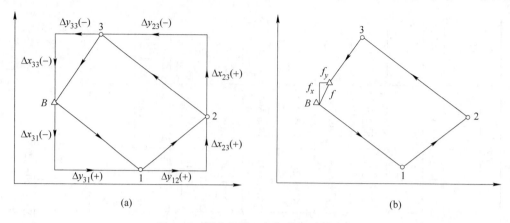

图 6-25　闭合导线坐标闭合差计算原理

从图 6-24 中明显看出，由于 f_x、f_y 的存在，使导线不能闭合，B—B' 的长度 f_D 称为导线全长闭合差，并用下式计算：

$$f_D = \sqrt{f_x + f_y} \tag{6-20}$$

仅从 f_D 值的大小还不能显示导线测量的精度，应当将 f_D 与导线全长 $\sum D$ 相比，以分子为 1 的分数来表示导线全长相对闭合差，即

$$K = \frac{f_D}{\sum D} = \frac{1}{\dfrac{\sum D}{f_D}} \tag{6-21}$$

不同等级的导线全长相对闭合差的容许值 $K_{容}$ 会有所不同，可参照表 6-6 和表 6-7。若 K 超过 $K_{容}$，则说明成果不合格，首先应检查内业计算有无错误，然后检查外业观测成果，必要时重测。当 K 值小于 $K_{容}$ 时，可以将坐标增量闭合差 f_x、f_y 按"反符号按边长成正比"的原则分配到各边的纵、横坐标增量中去，即

$$\left.\begin{aligned} v_{\Delta x_{ij}} &= -\frac{f_x}{\sum D} D_{ij} \\ v_{\Delta y_{ij}} &= -\frac{f_y}{\sum D} D_{ij} \end{aligned}\right\} \tag{6-22}$$

计算结果以 mm 为单位，填到表 6-12 中第 7、8 列的右上方。

纵、横坐标增量改正数之和应满足下式：

$$\left.\begin{aligned} \sum v \Delta x_{ij} &= -f_x \\ \sum v \Delta y_{ij} &= -f_y \end{aligned}\right\} \tag{6-23}$$

各边增量值加改正数，即得各边的改正后增量，即：

$$\left.\begin{aligned} \Delta \hat{x}_{ij} &= \Delta x_{ij} + v_{\Delta x_{ij}} \\ \Delta \hat{y}_{ij} &= \Delta y_{ij} + v_{\Delta y_{ij}} \end{aligned}\right\} \tag{6-24}$$

计算结果填入表 6-12 的第 9、10 列。改正后纵、横坐标之代数和应分别为零，以作计算校核。

C 导线点的坐标推算

导线点坐标推算在表 6-12 的第 11、12 列中进行。本例中，闭合导线从 B 号点开始，依次推算 1、2、3 点的坐标，最后返回到 B 号点，计算结果应与 B 号点的已知坐标相同，以此作为推算正确性的检核。

D 附合导线的坐标计算

附合导线测量的内业计算与闭合导线基本相同，两者的主要差异在于角度闭合差 f_β 和坐标增量闭合差 f_x、f_y 的计算。下面以图 6-26 所示的附合导线为例进行讨论。

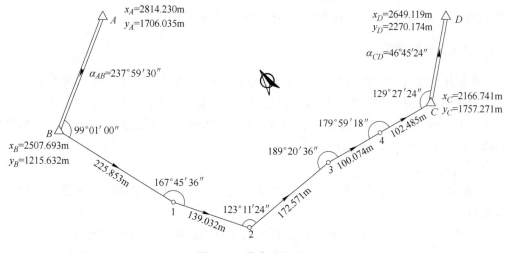

图 6-26 附合导线略图

（1）角度闭合差 f_β 的计算。附合导线的角度闭合差是指坐标方位角闭合差，如图 6-26 所示，由已知边长 AB 的坐标方位角 α_{AB}，应用观测的转折角可以依次推算出各直至 CD 的坐标方位角，设推算出的 CD 边的坐标方位角为 α'_{CD}，则角度闭合差 f_β 定义为

$$f_\beta = \alpha'_{CD} - \alpha_{CD}$$

角度闭合差力的分配原则与闭合导线相同。

（2）坐标增量闭合差 f_x、f_y 的计算。在附合导线中坐标增量之和的理论值为

$$\left.\begin{array}{l} \sum \Delta x_{理} = x_C - x_B \\ \sum \Delta y_{理} = y_C - y_B \end{array}\right\} \tag{6-25}$$

则坐标增量的闭合差按下式计算

$$\left.\begin{array}{l} f_x = \sum \Delta x_{测} - \sum \Delta x_{理} = \sum \Delta x_{测} - (x_C - x_B) \\ f_y = \sum \Delta y_{测} - \sum \Delta y_{理} = \sum \Delta y_{测} - (y_C - y_B) \end{array}\right\} \tag{6-26}$$

计算结果见表 6-13。

除了导线外，小区域平面控制测量中还可以利用 GNSS RTK 测量的方式来实现，具体做法参考第 5 章 RTK 应用一节。

6.2.2 小区域高程控制测量

小区域高程控制测量一般采用三、四等水准测量，也可以采用三角高程和 GNSS 施测，

《工程测量规范》（GB 50026—2007）规定，三角高程可以代替四等水准测量，GNSS 高程测量仅适用于平原或丘陵地区的五等及以下等级高程测量。

6.3 数据采集及地形图绘制

内外业一体化数字测图方法即利用全站仪或 GNSS RTK 采集碎部点的坐标数据，应用数字测图软件绘制成图，是目前我国测绘单位最常用一种测图方法。该方法有草图法和电子平板法两种。国内有多种较成熟的数字测图软件，南方测绘的 CASS 软件是目前市场上较常用的一种测图软件，本章只介绍 CASS 软件的部分应用。

6.3.1 草图法数字测图

外业使用全站仪测量碎部点三维坐标的同时，领图员绘制碎部点构成的地物形状和类型并记录碎部点点号（应与全站仪自动记录的点号一致）。内业将全站仪内存中的碎部点三维坐标下传到 PC 机的数据文件中，将其转换成 CASS 坐标格式文件并展点，根据野外绘制的草图在 CASS 中绘制地物。

（1）人员组织：

1）观测员 1 人。负责操作全站仪，观测并记录观测数据，观测中应注意经常检查零方向及与领图员核对点号。

2）领图员 1 人。负责指挥跑尺员，现场勾绘草图。要求熟悉地形图图式，以保证草图的简洁、正确，应注意经常与观测员对点号（一般每测 50 个点应与观测员对一次点号）。草图纸应有固定格式，不应随便画在几张纸上；每张草图纸应包含日期、测站、后视、测量员、绘图员信息；搬站时，尽量更换草图纸，不方便时，应记录本草图纸内的点所隶属的测站。

3）跑尺员 1 人。负责现场跑尺，要求对跑点有经验，以保证内业制图的方便，对于经验不足者，可由领图员指挥跑尺，以防引起内业制图的麻烦。

4）内业制图员。一般由领图员担任内业制图任务，操作 CASS 展绘坐标数据文件，对照草图连线成图。

（2）野外采集数据下传到 PC 机文件使用数据线连接全站仪与计算机的 COM 口，设置好全站仪的通信参数，在 CASS 中执行下拉菜单"数据/读取全站仪数据"命令，弹出图 6-27 的"全站仪内存数据转换"对话框。对话框操作如下：

1）在"仪器"下拉列表中选择所使用的全站仪类型，对于南方测绘 NTS340 系列全站仪应选择"南方中文 NTS-320 坐标"。

2）设置与全站仪一致的通信参数，选择"联

图 6-27 选择"联机"复选框将
全站仪中的数据保存到文件中

机"复选框，在"CASS坐标文件"文本框中输入保存全站仪数据的文件名和路径，也可以单击其右边的"选择文件"按钮，在弹出的标准文件选择对话框中选择路径和输入文件名。

3）单击"转换"按钮，CASS弹出一个提示对话框，按提示操作全站仪发送数据，单击对话框的"确定"按钮，即可将发送数据保存到图6-27设定的dat坐标文件中。

（3）展碎部点。将CASS坐标数据文件中点的三维坐标展绘在绘图区，并在点位的右边注记点号，以方便用户结合野外绘制的草图描绘地物。其创建的点位和点号对象位于"ZDH"（意为展点号）图层，其中点位对象是Auto CAD的"Point"对象，用户可以执行Auto CAD的Ddptype命令修改点样式。

执行下拉菜单"绘图处理\展野外测点点号"命令，在弹出的标准文件选择对话框中选择一个坐标数据文件，单击"打开"按钮，根据命令行提示操作即可完成展点。执行Auto CAD的Zoom命令，键入E按回车键即可在绘图区看见展绘好的碎部点点位和点号。

（4）根据草图绘制地物。单击屏幕菜单的"坐标定位"按钮，屏幕菜单如图6-28（a）所示。用户可以根据野外绘制的草图和将要绘制的地物在该菜单中选择适当的命令执行。

假设根据草图，33、34、35号点为一幢简单房屋的三个角点，4、5、6、7、8号点为一条小路的五个点，25号点为一口水井。

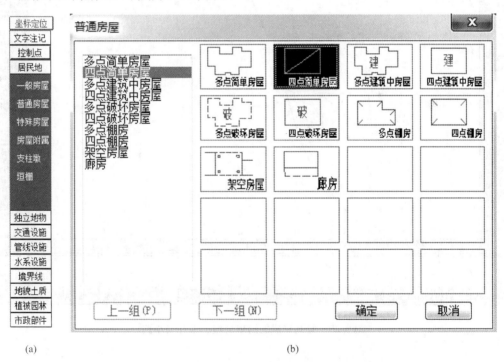

(a)   (b)

图6-28 "坐标定位"屏幕菜单与"居民地和垣栅"对话框

1）绘制简单房屋的操作步骤。单击屏幕菜单中的"居民地"按钮，弹出如图6-28（b）所示的"居民地和垣栅"对话框中选择"四点简单房屋"，单击"确定"按钮，关闭对话框，命令行的提示及输入如下：

已知三点/②已知两点及宽度/③已知四点 <1 > : 1

输入点：（节点捕捉 33 号点）

输入点：（节点捕捉 34 号点）

输入点：（节点捕捉 35 号点）

2）绘制一条小路的操作步骤。单击屏幕菜单中的"交通设施"按钮，在弹出的"交通及附属设施类"对话框中选择"小路"，单击"确定"按钮，关闭对话框，根据命令行的提示分别捕捉 4、5、6、7、8 五个点位后按回车键结束指定点位操作，命令行最后提示如下：

拟合线 < N > ? y

一般选择拟合，键入 y 按回车键，完成小路的绘制。

3）绘制一口水井的操作步骤。单击屏幕菜单中的"水系设施"按钮，在弹出的"水系及附属设施"对话框中选中"水井"后单击"确定"按钮，关闭对话框，点击 25 号点位，完成水井的绘制，结果如图 6-29 所示。

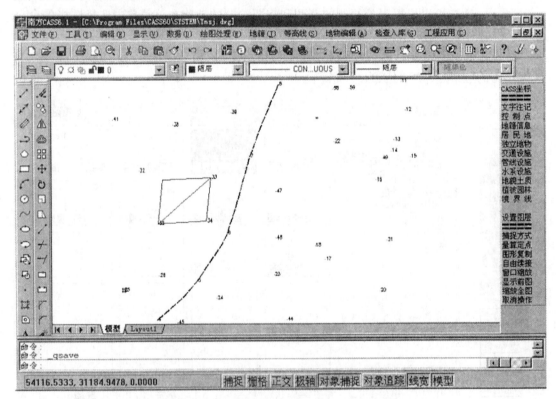

图 6-29　绘制完成的简单房屋、水井与小路

6.3.2　电子平板法数字测图

用数据线将安装了 CASS 的笔记本电脑与测站上安置的全站仪连接起来，全站仪测得的碎部点坐标自动传输到笔记本电脑并展绘在 CASS 绘图区，完成一个地物的碎部点测量工作后，采用与草图法相同的方法现场实时绘制地物。

（1）人员组织：

1）观测员1人。负责操作全站仪，观测并将观测数据下传到笔记本电脑中。

2）制图员1人。负责指挥跑尺员，现场操作笔记本电脑，内业处理整饰地形图。

3）跑尺员1~2人。负责现场跑尺。

（2）创建测区已知点坐标数据文件。可执行CASS下拉菜单"编辑＼编辑文本文件"命令调用Windows的记事本创建测区已知点坐标数据文件。坐标数据文件的格式如下：

总点数

点名，编码，y，x，H

点名，编码，y，x，H

下面为一个包括8个已知点的坐标数据文件，其中"I12"和"I13"点为导线点（编码131500），其余为图根点（编码131700）。

8

M1，131700，53 414.280，31421.880，39.555

M4，131700，53387.800，31425.020，36.877

M9，131700，53359.060，31426.620，31.225

T31，131700，53348.040，31425.530，27.416

T12，131700，53344.570，31440.310，27.794

I12，131500，53352.890，31454.840，28.500

P15，131700，53402.880，31442.450，37.951

I13，131500，53393.470，31393.860，32.539

已知点编码也可以不输入，当不输入已知点编码时，其后的逗号不能省略。

（3）测站准备。测站准备的工作内容有参数设置、定显示区、展已知点、确定测站点、定向点、定向方向水平度盘值、检查点、仪器高、检查。

1）参数设置。在测站安置好全站仪，用数据线连接全站仪与笔记本电脑的COM口，执行下拉菜单"文件＼CASS6.1参数设置"命令，弹出如图6-30（a）所示的"CASS6.1参数设置"对话框，它有4个选项卡，用户可根据实际需要设置，如图6-30（b）~（d）所示。

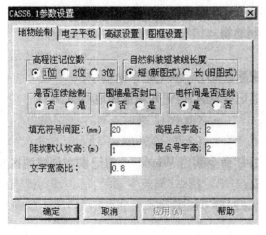

(a)

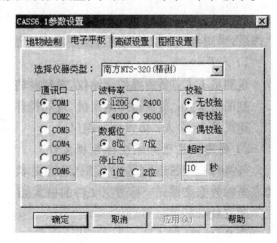

(b)

        (c)   (d)

图 6-30 参数设置对话框的四个选项卡

2）展已知点。执行下拉菜单"绘图处理＼展野外测点点号"命令，选择一个已知点坐标数据文件，如 030330. dat，执行 Zoom 命令的 E 选项使展绘的所有已知点都显示在当前视图内。

3）测站设置。单击屏幕菜单的"电子平板"按钮，弹出图 6-31（a）所示的"电子平板测站设置"对话框，且屏幕菜单变成如图 6-31（b）所示。对话框的操作步骤如下：

单击"…"按钮，在弹出的标准文件选择对话框中选择已知坐标数据文件名。

在 M9 点安置好全站仪，量取仪器高（假设为 1.47m），单击"测站点"区下的"拾取"按钮，在屏幕绘图区拾取 M9 点为测站点，此时，M9 点的坐标将显示在其下的坐标栏内；在"仪器高"栏输入仪器高 1.47。

操作全站仪瞄准 I12 点，并使之为定向点，单击"定向点"区下的"拾取"按钮，在屏幕绘图区拾取 I12 点为定向点，此时，I12 点的坐标将显示在其下的坐标栏内。

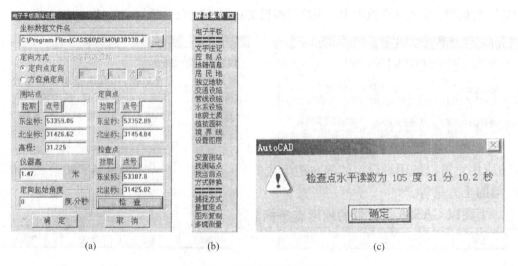

    (a)   (b)   (c)

图 6-31 测站检核结果提示

单击"检查点"区下的"拾取"按钮，在屏幕绘图区拾取 M4 点为检查点，此时，M4 点的坐标将显示在其下的坐标栏内，同时弹出如图 6-31（c）所示的提示对话框，其中检查点水平角为 105°31′10.2″，用户应立即操作全站仪实测该角以资检核。

（4）测图操作。测图过程中，主要是使用图 6-31（b）所示屏幕菜单下的命令进行操作。下面以测绘 4 点 3 层混凝土房屋为例说明操作步骤。

1）操作全站仪照准立在第一个房角点的棱镜。

2）单击屏幕菜单的"居民地"按钮，在弹出的图 6-28（b）所示的"居民地和垣栅"对话框中选择"四点砼房屋"，单击"确定"按钮，命令行提示如下：

绘图比例尺 1： <500> Enter.

已知三点/②已知两点及宽度/③已知四点 <1>：Enter

请输入标高（0.00）：1.82

等待全站仪信号……

上述输入的标高 1.82 为棱镜高。CASS 会驱动全站仪自动测距，稍候片刻，测量数据便由全站仪传送到笔记本电脑。注意，有些全站仪要操作仪器手动测距并向串口传输数据，如徕卡全站仪。数据传输完成后，命令行继续提示如下：

选择纠正方式有偏角、偏前、偏左、偏右和不作纠正 <5>。

上述纠正方式选项，当棱镜无法立在地物点时非常有用，缺省选项是"5"不纠正，按回车键选中该选项。操作全站仪照准竖立在第二个房角点的棱镜，命令行继续重复如下提示两次：

请输入标高（1.82）：Enter

等待全站仪信号……

选择纠正方式：①偏角，②偏前，③偏左，④偏右，⑤不作纠正 <5>。

完成 3 个房角点的测量后，命令行提示如下：

闭合 C/隔一闭合 G/隔一点 J/微导线 A/曲线 Q/边长交会 B]回退 U/连全站仪 T/ <指定点>

输入层数： <1>3

图 6-32 完成后 4 点混凝土房屋示例

完成后的 4 点 3 层混凝土房屋如图 6-32 所示，其中的文字注记"砼 3"是由 CASS 自动加上的，它与房屋轮廓线对象都位于"JMD"图层。

6.3.3 等高线的处理

等高线是在 CASS 中通过创建数字地面模型 DTM（Digital Terrestrial Model）后自动生成。DTM 是指在一定区域范围内，规则格网点或三角形点的平面坐标（x，y）和其地形属性的数据集合。如果该地形属性是该点的高程坐标 H，则该数字地面模型又称为数字高程模型 DEM（Digital Elevation Model）。DEM 从微分角度三维地描述了测区地形的空间分布，应用它可以按用户设定的等高距生成等高线、绘制任意方向的断面图、坡度图、计算指定区域的土方量等。

下面以 CASS6.1 自带的地形点坐标数据文件"C：\ CASS60 \ DEMO \ dgx. dat"为

例，介绍等高线的绘制过程。

（1）建立 DTM。执行下拉菜单"等高线\ 建立 DTM"命令，在弹出的如图 6-33（a）所示的"建立 DTM"对话框中选择"由数据文件生成"单选框，单击"…"按钮，选择坐标数据文件 dgx. dat，其余设置如图 6-33（a）所示。单击"确定"按钮，屏幕显示如图 6-33（b）所示的三角网，它位于"SJW"（意为三角网）图层。

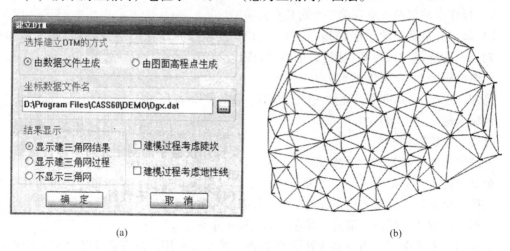

（a）　　　　　　　　　　　　　　　　　（b）

图 6-33 "建立 DTM"对话框的设置与 DTM 三角网结果

（2）修改数字地面模型。由于现实地貌的多样性、复杂性和某些点的高程缺陷（如山上有房屋，而屋顶上又有控制点），直接使用外业采集的碎部点很难一次性生成准确的数字地面模型，这就需要对生成的数字地面模型进行修改，它是通过修改三角网来实现的。

修改三角网命令位于下拉菜单"等高线"下，命令功能说明如下：

1）删除三角形。执行 Auto CAD 的 Erase 命令，删除所选的三角形。当某局部内没有等高线通过时，可以删除周围相关的三角网。如误删，可执行 U 命令恢复。

2）过滤三角形。如果 CASS 无法绘制等高线或绘制的等高线不光滑，这是由于某些三角形的内角太小或三角形的边长悬殊太大所致，可使用该命令过滤掉部分形状特殊的三角形。

3）增加三角形。点取屏幕上任意三个点可以增加一个三角形，当所点取的点没有高程时，CASS 将提示用户手工输入高程值。

4）三角形内插点。要求用户在任一个三角形内指定一个点，CASS 自动将内插点与该三角形的三个顶点连接构成三个三角形。当所点取的点没有高程时，CASS 将提示用户手工输入高程值。

5）删除三角形顶点。当某一个点的坐标有误时，可以使用该命令删除它，CASS 会自动删除与该点连接的所有三角形。

6）重组三角形。在一个四边形内可以组成两个三角形，如果认为三角形的组合不合理，可以使用该命令重组三角形，重组前后的差异如图 6-34 所示。

7）删除三角网。生成等高线后就不需要三角网了，如果要对等高线进行处理，则三角网就比较碍事，可以执行该命令删除三角网。最好先执行下面的"三角网存取"命令将三角网保存好再删除，以便需要时通过读入保存的三角网文件恢复。

8）三角网存取。有"写入文件"和"读出文件"两个子命令。"写入文件"是将当前图形中的三角网写入用户给定的文件，CASS 自动为该文件加上扩展名 dgx（意为等高线）；读出文件是读取执行"写入文件"命令保存的扩展名为 dgx 的三角网文件。

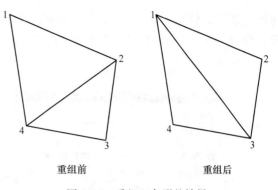

重组前   重组后

图 6-34　重组三角形的效果

9）修改结果存盘。三角形修改完成以后，要执行该命令，其修改结果才有效。

（3）绘制等高线。对使用坐标数据文件 dgx. dat 创建的三角网执行下拉菜单"等高线 \ 绘制等高线"命令，弹出图 6-35 所示的"绘制等值线"对话框，根据需要完成对话框的设置后，单击"确定"按钮，CASS 开始自动绘制等高线，采用图中设置绘制的坐标数据文件 dgx. dat 的等高线，如图 6-36 所示。

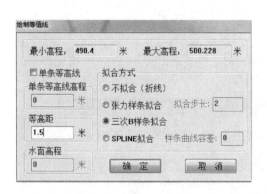

图 6-35　绘制等高线的设置

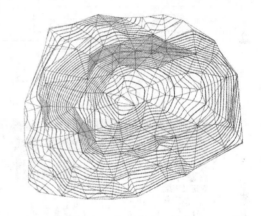

图 6-36　绘制完成的等高线

（4）等高线的修饰。

1）注记等高线。有 4 种注记等高线的方法，其命令位于下拉菜单"等高线 \ 等高线注记"下。批量注记等高线时，一般选择"沿直线高程注记"，它要求用户先使用 Auto CAD 的 Line 命令绘制一条垂直于等高线的辅助直线，绘制直线的方向应为注记高程字符字头的朝向。命令执行完成后，CASS 自动删除该辅助直线，注记的字符自动放置在 dgx（意为等高线）图层。

2）等高线修剪。有多种修剪等高线的方法，命令位于下拉菜单"等高线 \ 等高线修剪"下。

6.3.4　地形图的整饰

本节只介绍使用最多的添加注记和图框的操作方法。

6.3.4.1　加注记

为图 6-37（b）的道路加上路名"迎宾路"的操作方法如下：单击屏幕菜单的"文字

注记"按钮，弹出图6-38所示的"注记"对话框，选中"注记文字"，单击"确定"按钮，弹出图6-37（a）的"文字注记信息"对话框，根据需要完成设置后单击"确定"按钮即完成文字注记。

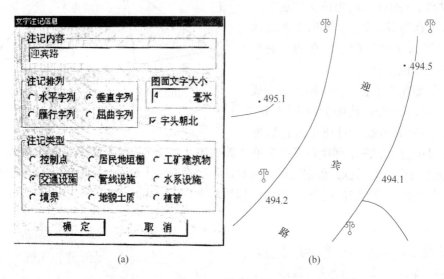

图6-37　道路注记

图6-38　"注记"对话框

　　有时还需要根据图式的要求编辑注记文字。如需要沿道路走向放置文字，应使用Auto CAD的Rotate命令旋转文字至适当方向，使用Move命令移动文字至适当位置，结果如图6-37（b）所示。

6.3.4.2 加图框

加图框命令位于下拉菜单"绘图处理"下。下面以图 6-36 的等高线图形加图框为例，说明加图框的操作方法。

先执行下拉菜单"文件 \ CASS6.1 参数配置"命令，在弹出的图 6-30（d）所示"CASS6.1 参数设置"对话框的"图框设置"选项卡中设置好外图框中的部分注记内容。

执行下拉菜单"绘图处理 \ 标准图幅（50cm×40cm）"命令，弹出图 6-39 所示的"图幅整饰"对话框，完成设置后单击"确认"按钮，CASS 自动按照对话框的设置为图 6-36 的等高线图形加图框，并以内图框为边界，自动修剪掉内图框外的所有对象，结果如图 6-40 所示。

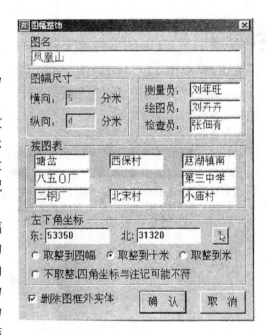

图 6-39 "图幅整饰"对话框

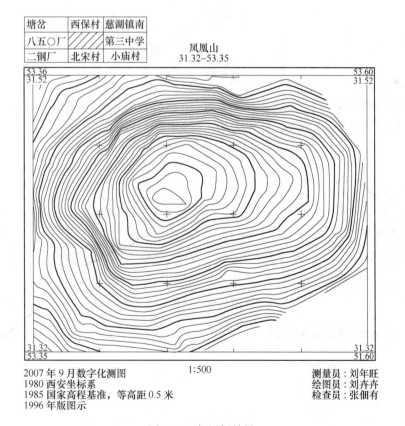

图 6-40 加图框效果

习 题

6-1 地形图比例尺有哪些表示方法？1:500 地形图比例尺精度如何计算？

6-2 地物符号有哪些？等高线有哪几类？

6-3 等高距和等高线平距是如何定义的？等高线有哪些特性？

6-4 如何选取控制点？

6-5 导线的布设形式有哪些？导线的外业工作有哪些内容？

6-6 某闭合导线如图 6-41 所示，已知 B 点的平面坐标和 AB 边的坐标方位角，观测了图 6-41 中 6 个水平角和 5 条边长，试计算 1、2、3、4 点的平面坐标。

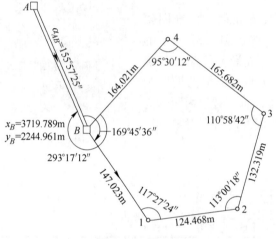

图 6-41   题 6-6

6-7 某附合导线如图 6-42 所示，已知 B、C 两点的平面坐标和 AB、CD 边的坐标方位角，观测了图 6-42 中 5 个水平角和 4 条水平距离，试计算 1、2、3、4 点的平面坐标。

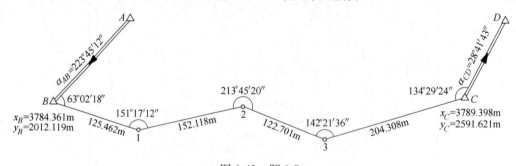

图 6-42   题 6-7

6-8 何为数字化测图？数字测图有哪些方法？

7 矿井联系测量

7.1 矿山联系测量的目的与任务

将矿区平面坐标、高程系统和框架传递至井下，使井上下能采用统一的坐标和高程系统而进行的测量工作称为矿井联系测量。联系测量包括平面联系测量与高程联系测量两部分，前者称为定向测量，后者称为导入高程（标高）测量。

联系测量的目的是统一井上下的坐标系统和高程系统，其重要性如下：

（1）为了解地面建筑物、铁路以及水体与井下巷道、回采工作面之间的相互位置关系，需要绘制井上下对照图，以便及时准确地掌握矿井生产动态，采取预防措施。

（2）为了确定相邻矿井之间的保护煤柱需要准确地掌握两矿井间巷道及采空区的空间相对位置关系。

（3）为了解决许多重大工程，如井筒的延伸贯通和井口间的巷道贯通，以及由地面向井下指定开凿小井或打钻等，都需要在一个统一的平面坐标系统和高程系统中才能得到解决。

联系测量的任务如下：

（1）井下经纬仪导线起始点的方位角。

（2）井下经纬仪导线起始点的平面坐标。

（3）井下水准基点的高程。

前两项任务是通过平面联系测量完成的，后一项任务是由高程联系测量完成的，这样就可以得到井下平面与高程的起算数据。

7.2 矿井定向的种类与要求

矿井定向概括说来可分为两大类：一类是从几何原理出发的几何定向；另一类则是以物理特性为基础的物理定向。

几何定向分为：

（1）通过平硐或斜井的几何定向。

（2）通过一个立井的几何定向（一井定向）。

（3）通过两个立井的几何定向（两井定向）。

物理定向可分为：

（1）用精密磁性仪器定向。

（2）用投向仪定向。

（3）用陀螺经纬仪定向。

通过平硐或斜井的几何定向，只需通过斜井或平硐铺设经纬仪导线，对地面和井下进行连测即可。用精密磁性仪器和投向仪定向，因其定向精度与操作使用的方便程度等都远远不如陀螺经纬仪定向，所以这里不再详细讨论。

《煤矿测量规程》规定的联系测量的主要精度要求见表 7-1。

表 7-1　联系测量的主要限差

联系测量类别	容　许　限　差		备　　注
几何定向	由近井点推算的两次独立定向结果的互差	一井定向：<2′ 两井定向：<1′	井田一翼长度小于 300m 的小矿井，可适当放宽限差，但应小于 10′
陀螺经纬仪定向	同一边任意两测回测量陀螺方位角的互差	±15″级：<40″ ±25″级：<70″	陀螺经纬仪精度级别是按实际达到的一测回测量陀螺方位角的中误差确定的
	井下同一定向边两次独立陀螺经纬仪定向的互差	±15″级：<40″ ±25″级：<60″	

《煤矿测量规程》中几何定向的限差是根据目前各矿的实际定向精度制定的。根据一些局矿的统计资料，求得两次独立定向平均值的中误差 M_{a_0} 和两次独立定向值的允许互差 $\Delta\alpha$ 列于表 7-2。

表 7-2　实际定向精度与规程限差对比

定向方法	两次独立定向的个数	M_{a_0}	$\Delta\alpha$		备　　注
			估算值	《煤矿测量规程》规定值	
一井定向	78	25″	1′40″	2′	$\Delta\alpha = 4M_{a_0}$
两井定向	85	13″	52″	1′	

陀螺经纬仪精度级别是按实际达到的一测回测量陀螺方位角的中误差确定的，分为 ±15″ 和 ±25″ 两级，并依此规定陀螺经纬仪定向的各项限差。"一次陀螺经纬仪定向"是指按照陀螺经纬仪一次定向程序所求得的井下定向边的坐标方位角的全过程。独立进行两次陀螺经纬仪定向测量的目的是：增加陀螺经纬仪定向的可靠性；提高井下定向边的陀螺定向精度，以便在井下导线中加测陀螺定向边而构成方向附合导线时，陀螺定向边的精度相对导线测角精度而言，能起到控制作用。

7.3　近井网测量

为了把地面坐标系统中的平面坐标及方向传递到井下，在定向之前，必须在地面井口附近设立作为定向时与垂球线连接的点，称为"连接点"。但一般由于井口建筑物很多，因而连接点不能直接与矿区地面控制点通视，以求得其坐标及连接方向。为此，还必须在定向井筒附近设立一"近井点"。在井口附近建立的近井点和水准基点应满足下列要求：

（1）尽可能埋设在便于观测、保存和不受开采影响的地点。

（2）近井点至井口的连接导线边数应不超过三个。

（3）水准基点不得少于两个（近井点都可作为水准基点用）。

多井口矿井的近井点应统一合理布置，尽可能使相邻井口的近井点构成三角网中的一个边，或力求间隔的边数最少。近井点及水准基点的构造与埋设如图 7-1 所示。图中（a）

为建筑物顶面上的测点;(b)和(c)为在非冻土地区的浇注式测点和预制混凝土测点;(d)、(e)和(f)为在冻土地区的钢管混凝土测点、预制混凝土测点和钻孔浇注式测点。

注:也可用18kg/m左右的钢轨代替钢管。

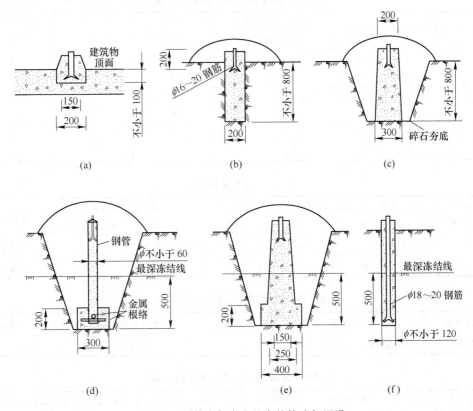

图7-1 近井点与水准基点的构造与埋设

近井点可在矿区三、四等三角网的基础上,用插网、插点[见图7-2(a)]和铺设经纬仪导线[见图7-2(b)]等方法测设。

其精度对四等三角点来说,规程要求点位中误差应不超过±7cm,方位角中误差应不超过±10″。

凡埋设位置符合前述要求的二~四等三角点或同级导线点,均可作为近井点。以10秒小三角网作为首级控制的小矿区,10″小三角点或同级导线点,也可作为近井点。由近井点向井口定向连接点连测时,

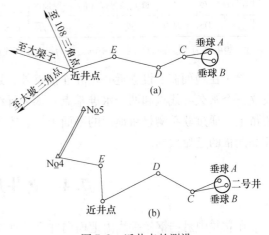

图7-2 近井点的测设

应铺设测角中误差不超过5″或10″(用于以10″小三角网作为首级控制的小矿区)的闭合导线或复测支导线。由于连测导线的边数少,所以导线的相对闭合差分别应不超过1/12000和1/8000。连测导线点应埋设标石,并尽可能与三角点连测方向。

井口水准基点的高程测量，应按四等水准测量的精度要求测设。

关于测设近井点和水准基点的具体施测方法和精度要求，见表7-3～表7-6。

表7-3　水平方向观测要求及限差

等级	仪器类型	观测方法	测回数	光学测微器两次重合读数之差/″	半测回归零差/″	一测回内2c互差	同一方向值各测回互差
四等	J_1	方向	6	1	6	9	6
	J_2	方向	9	3	8	13	9
	J_2	方向	3	3	8	13	9
	J_6	方向	6		18		24
	J_2	方向	2	3	8	13	9
	J_6	方向	3		18		24

表7-4　边长丈量要求

导线等级	钢尺根数	丈量总次数	定线最大偏差丈量	尺段高差较差丈量	读数次数	估读/mm	温度读至/℃	同尺各次或同段各尺的较差/mm	丈量方法
5″	1～2	2	50	10	3	0.5	0.5	2	精密丈量
10″	1～2	2	100	10	2	0.5	0.5	3	精密丈量

表7-5　光电测距仪测定边长要求

测边等级	仪器类型	测回数	人次（时间段）	测回中数互差/cm
5″、10″导线边	短程红外测距仪 DCH、HGC-1	3	1（1）	2.5

表7-6　水准观测技术要求及限差表

等级	符合路线长度/km	仪器		观测次数		往返较差、附合或环线闭合差/mm		视线长度/m	前后视距差/m	前后视距累积差/m	视线高差/m	基辅分划（红黑面）读数差	基辅分划（红黑面）高差之差
		水准仪	水准尺	与已知点联测的	附合或环线的	一般地区	山地						
四	15	DS₃	双面	往返	一次	$\pm20\sqrt{R}$	$\pm25\sqrt{R}$	80	5	10	0.2	3.0	5.0

注：表中 R 为水准点间路线长度（km）或为符合或环线长度（km）。

除了在地面需要设立近井点和连接点外，还应在井下定向水平上的井底车场内，至少设立三个永久导线点和两个水准基点。永久导线点可作为水准基点。水准基点也可设于巷道帮上。通过联系测量将地面的平面坐标、方位角及高程传递到这些永久点上，作为井下控制测量的起始数据。

7.4　立井几何定向

在立井中悬挂钢丝垂线由地面向井下传递平面坐标和方向的测量工作称为立井几何定向。几何定向分为一井定向和两井定向。

立井几何定向概要地说，就是在井筒内悬挂钢丝垂线，钢丝的一端固定在地面，另一端系有定向专用的垂球自由悬挂于定向水平，一般称作垂球线。再按地面坐标系统求出垂球线的平面坐标及其连线的方位角，在定向水平上把垂球线与井下永久导线点连接起来，这样便能将地面的方向和坐标传递到井下,而达到定向的目的。因此,可把立井几何定向工作分为两个部分:由地面向定向水平投点(简称投点),在地面和定向水平上与垂球线连接(简称连接)。

7.4.1 一井定向

通过一个竖井的几何定向,就是在井筒内悬挂两根钢丝,如图 7-3 所示,钢丝的一端固定在井口上方,另一端系上重锤自由悬挂至定向水平。再按地面坐标系统求出两根钢丝的平面坐标及其连线的坐标方位角;在定向水平通过测量把垂线与永久导线点连接起来,这项工作称为连接。这样便能将地面的坐标和方向传递到井下,从而达到定向的目的。因此,整个定向工作分为投点和连接两部分,现分述如下。

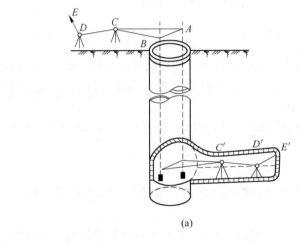

(a)

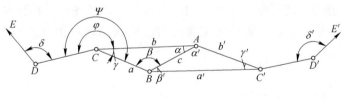

(b)

图 7-3 一井定向井上、下连接图

7.4.1.1 投点

所谓投点,就是在井筒中悬挂重锤线至定向水平。

在由地面向井下定向水平投点时,由于井筒内风流、滴水等因素的影响,致使钢丝偏斜。如图 7-4 所示,A、B 为两根钢丝在地面的位置,由于悬挂垂线偏斜,使得它们在定向水平的位置 A'、B' 分别相对于

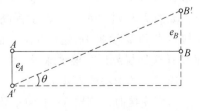

图 7-4 投向误差

A、B 产生线量偏差 e_A、e_B,称为投点误差。由投点误差引起的两垂球线连线方向的误差

θ，称为投向误差。在最不利的情况下，即两根钢丝分别向 AB 连线两侧偏斜时的投向误差为

$$\tan\theta = \frac{e_A + e_B}{AB}$$

因 e_A、e_B 很小，θ 也很小，上式可简化为

$$\theta = \frac{e_A + e_B}{AB}\rho \tag{7-1}$$

式中，$\rho = 206265''$（一弧度的秒值）。

设　$e_A = e_B = 1\text{mm}$，$AB = 3\text{m}$，则投向误差为

$$\theta = \frac{e_A + e_B}{AB}\rho = \pm\frac{2 \times 206265}{3000} \approx \pm 138''$$

上例说明，仅 1mm 的投点误差，却能引起方位角误差达 2′。由式 $\theta = \frac{e_A + e_B}{AB}\rho$ 可以看出，要减少投向误差，必须加大两垂球线间的距离和减少投点误差 e。但由于井筒直径有限，两垂线间的距离不能无限增大，一般不超过 3 ~ 5m。因此，在投点时必须采取措施减少投点误差。通常采用下述方法：

（1）采用高强度小直径的钢丝，以便加大垂球重量（一般 30 ~ 50kg），并减少对风流的阻力。

（2）将重锤置于稳定液中，以减少钢丝摆动。

（3）测量时，应关闭风门或暂停扇风机，并给钢丝安上挡风套筒，以减少风流的影响等。

此外，挂上重锤线后，还应检查钢丝是否自由悬挂。常见的检查方法有比距法（比较井上、下两钢丝间距）、信号圈法（自地面沿钢丝下放小铁丝圈，检查是否受阻）、钟摆法（使钢丝摆动，观察摆动周期是否正常）等。确认钢丝自由悬挂后，即可开始连接工作。

7.4.1.2　连接

连接的方法很多，我国普遍采用连接三角形法和瞄直法。瞄直法精度低，仅适用于小型矿井。

A　连接三角形法

连接三角形是井上、下井筒附近选定连接点 C 和 C'，如图 7-3（a）所示，在井上、下形成以两垂球连线 AB 为公共边的两个三角形 ABC 和 ABC'，称这两个三角形为连接三角形，如图 7-3（b）所示。为了提高精度，连接三角形应布设成延伸三角形，即尽可能将连接点 C 和 C' 设在 AB 延长线上，而使 γ、α 及 $\gamma'\beta'$ 尽量小（不大于 2°），同时，连接点 C 和 C' 还应尽量靠近一根垂球线。

连接三角形法的外业工作：

地面连接时，测出 δ、ϕ 和 γ 角，丈量 DC 边和延伸三角形的 a、b、c 边。

井下连接时，测出 γ'、ϕ' 和 δ' 角，丈量延伸三角形的 a'、b' 边和 $C'D'$ 边。

之所以要测 δ 和 δ' 角，量 DC 和 $D'C'$ 边长，是因为连接点 C 和 C' 是在连接测量时临时

选定的。

连接三角形法的内业包括解三角形和导线计算两部分。

首先解算三角形,在图 7-3 (b) 中,角度 γ 和边 a、b、c 均为已知,在三角形 ABC 中,可按正弦定理求出 α 和 β 角,即

$$\sin\alpha = \frac{a}{c}\sin\gamma \; ; \; \sin\beta = \frac{b}{c}\gamma$$

当 α < 2°及 β > 178°时,可按下列近似公式计算:

$$\alpha'' = \frac{a}{c}\gamma'' \; ; \; \beta'' = \frac{b}{c}\gamma'' \tag{7-2}$$

同样,可以计算出井下连接三角形中的 α′ 和 β′ 角。

然后,根据上述角度和丈量的边长,将井上下看成一条由 E-D-C-A-B-C′-D′-E′ 组成的导线,按一般导线的计算方法求出井下起始边的方位角 $\alpha_{D'E'}$ 和起始点的坐标 x'_D、y'_D。

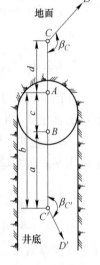

为了校核,一般定向应独立进行两次,两次独立定向求得的井下起始边的方位角互差不得超过 2′。当外界条件较差时,在满足采矿工程要求的前提下,互差可放宽到 3′。

B　瞄直法

在连接三角形中,如使 C 和 C′ 点位于 AB 的延长线上,即成瞄直法,如图 7-5 所示。此种情况下,只要在 C 和 C′ 点安置经纬仪,测出 β_C 和 $\beta_{C'}$ 角;量出 CA、AB、BC′ 边长,就可完成定向任务。但实际上要把连接点 C 和 C′ 精确地设在 AB 线上是比较困难的。只有非常熟练的测量人员操作,才能达到精度要求。因此,这种方法仅在精度要求不高的小型矿井定向中较为适用。

图 7-5　瞄直法

7.4.2　两井定向

当一个矿井有两个竖井,且在定向水平有巷道相通并能进行测量时,定向工作应采用两井定向方法。

两井定向就是在两个竖井中各挂一根垂球线,然后在地面和井下定向水平用导线测量的方法把两根垂球线连接起来,如图 7-6 (a) 所示,从而把地面坐标系统中的平面坐标和方位角传递到井下。

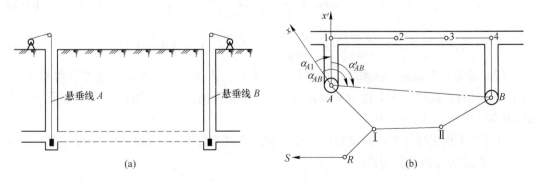

图 7-6　两井定向示意图

两井定向是把两个垂球分别挂在两个井筒内,因此两垂球之间的距离比一井定向大得多。据目前我国矿山情况来说,能进行两井定向的两个井筒之间的最短距离约 30m,因而大大减少了投向误差。设投点误差 $e_A = e_B = 1$ mm,根据上述公式,其投向误差为

$$\theta = \frac{e_A + e_B}{AB}\rho = \pm\frac{2 \times 206265}{30000} \approx \pm 138''$$

可见,两井定向由投点误差引起的投向误差大大减少,井下起始边方位角的精度也随之提高,这就是两井定向的最大优点。而一井定向受井筒直径限制,两垂线间距离则小得多。所以,凡有条件的矿井,在选择定向测量方案时,应首先考虑两井定向。

与一井定向一样,两井定向的全部工作包括投点、连接和内业计算。

7.4.2.1　投点

投点的方法与一井定向相同,但因两井定向投点误差对方位角的影响小,投点精度要求较低;而且每个井筒中只悬挂一根钢丝,所以投点工作比一井定向简单,而且占用井筒时间短。

7.4.2.2　连接

如图 7-6(b)所示,由近井点 R 向两悬垂线 A、B 布设经纬仪导线 R-Ⅰ-A 和 R-Ⅰ-Ⅱ-B,测定 A、B 点位置。如果两井筒相距较远,可在两井筒附近各设一个近井点,分别与 A、B 点连接,而不在两井间布设导线。井下连接时,则通过测量导线 A-1-2-3-4-B 将定向水平的两垂球线连接起来。

7.4.2.3　内业计算

由于在一个井筒内仅投下一个点,因此,井下导线边的方位角,就不能像一井定向那样直接推算出来。为此,须在井下采用假定坐标系统的方法,并经过换算,才能获得与地面坐标系统一致的方位角。具体计算步骤如下:

(1)根据地面连接导线算出 A、B 的坐标后,用坐标反算公式计算出两悬垂线的连线 AB 在地面坐标系统中的方位角和边长:

$$\tan\alpha = \frac{y_B - y_A}{x_B - x_A} = \frac{\Delta y_{AB}}{\Delta x_{AB}} \tag{7-3}$$

$$S_{AB} = \frac{y_B - y_A}{\sin\alpha_{AB}} = \frac{x_B - x_A}{\cos\alpha_{AB}} = \sqrt{(\Delta x_{AB})^2 + (\Delta y_{AB})^2} \tag{7-4}$$

(2)建立井下假定坐标系统,计算在定向水平上两悬垂线连线的假定方位角和边长。为了简化计算,常假定 A-1 边为 x′轴方向,与 A-1 垂直的方向为 y′轴,A 为坐标原点,即 $\alpha' = 0°00'00''$,$x' = 0$,$y' = 0$。

计算井下连接导线各点假定坐标,直至垂线 B 的假定坐标 x'_B 和 y'_B。再用反算公式计算 AB 的假定方位角及其边长:

$$\tan\alpha'_{AB} = \frac{y'_B - y'_A}{x'_B - x'_A} = \frac{y'_B}{x'_B}$$

$$S'_{AB} = \frac{y'_B}{\sin\alpha'_{AB}} = \frac{x'_B}{\cos\alpha'_{AB}} = \sqrt{(\Delta x'_{AB})^2 + (\Delta y'_{AB})^2}$$

理论上讲，S'_{AB} 归算到地面系统的投影面内后，S'_{AB} 和 S_{AB} 应相等。但由于测角、量边误差的影响，使其 S'_{AB} 和 S_{AB} 不相等。其差值只要在规定的限差以内，则可作为测量和计算的第一检核。

（3）按地面坐标系统计算井下连接导线各边的方位角及各点的坐标。由图 7-6（b）可以看出：

$$\alpha_{A1} = \alpha_{AB} - \alpha'_{AB}$$

式中，若 $\alpha_{AB} < \alpha'_{AB}$ 时，可用 $\alpha_{AB} + 360° - \alpha'_{AB}$。

然后根据 α_{A1} 之值以垂线 A 的地面坐标为准，重新计算井下连接导线各边的方位角及各点的坐标，最后算得悬垂线 B 的坐标。

井下连接导线按地面坐标系统算出的 B 的坐标值应和地面连接导线所算得的 B 的坐标值相等。如其相对闭合差不超过井下连接导线的精度时，则认为井下连接导线的测量和计算是正确的，可作为测量和计算的第二检核。为了检核，两井定向也应独立进行两次，两次求得的井下起始边方位角之差不得超过 $1'$。

7.5　陀螺经纬仪定向

采用几何方法定向时，因占用井筒而影响生产，且设备多，组织工作复杂，需要较多的人力、物力，安全技术管理难度大。用陀螺经纬仪定向就可克服上述缺点，且可大大提高定向精度。

陀螺经纬仪的精度级别是按实际达到的一测回陀螺方位角的中误差来确定的，分为 $15''$ 和 $25''$。较为广泛使用的陀螺经纬仪 GKI 型，一次定向中误差为 $20''$。目前，自动化程度较高，高精度（$10''$）的全站陀螺经纬仪也逐步在大型现代化矿山用于矿井定向。

用陀螺经纬仪定向，可采用跟踪逆转点法、中天法、对称分划法或其他方法进行。陀螺经纬仪定向的作业程序如下：

（1）在地面已知边上采用 2 测回（或 3 测回）测定陀螺方位角，求得陀螺经纬仪的仪器常数 Δ。

由于仪器结构本身的误差，致使陀螺经纬仪所测定的陀螺子午线和真子午线不重合，二者的夹角（即方向差值）称为仪器常数，用 Δ 表示。在井下定向测量前和测量后，应在地面同一条已知边（一般是近井点的后视边）上各测 3 次仪器常数，所测出的仪器常数互差，对于 $15''$ 级和 $25''$ 级仪器，分别不得超过 $40''$ 和 $70''$。

测定方法如图 7-7（a）所示，A 为近井点，B 为后视点，α_{AB} 为已知坐标方位角。在 A 点安置陀螺经纬仪，整平、对中，然后以经纬仪两个镜位观测 B，测出 AB 方向值 M_1，启动陀螺仪，按逆转点法或中天法（对称分划法）用 2~3 个测回测定陀螺北方向值 N_T，再用经纬仪的两个镜位观测 B，测出 AB 的方向值 M_2。取 M_1 和 M_2 的平均值 M 为 AB 线的最终方向值，于是

$$T_{AB陀} = M - N_T$$
$$\Delta = T_{AB} - T_{AB陀} = \alpha_{AB} + \gamma_A - T_{AB陀} \tag{7-5}$$

式中　$T_{AB陀}$——AB 边一次测定的陀螺方位角；

　　　　T_{AB}——AB 边的大地方位角；

　　　　α_{AB}——AB 边的坐标方位角；

　　　　γ_A——A 点的子午线收敛角。

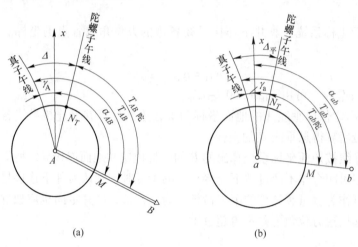

图 7-7　陀螺定向

可见，测定仪器常数实质上就是测定已知边的陀螺方位角，根据已知边陀螺方位角，便可求出仪器常数 Δ。

（2）井下定向边陀螺方位角的测定及坐标方位角的计算。按地面同样的方法，在井下定向边上测出 ab 边（ab 边的长度不得小于 30m）的陀螺方位角 $T_{ab陀}$，中下定向边 ab 陀螺方位角应观测两个测回。如图 7-7（b）所示，则该边的坐标方位角为

$$\alpha_{AB} = T_{AB陀} + \Delta_平 - \gamma_a \tag{7-6}$$

式中　$T_{AB陀}$——AB 边的陀螺方位角，$T_{AB陀} = M - N_T$；

　　　　γ_a——a 点的子午线收敛角；

　　　　$\Delta_平$——仪器常数的平均值。

（3）求仪器常数。返回地面后，尽快（距第一次不超过 3 天）在原已知边上在用 2～3 测回测定陀螺方位角，求得仪器常数。

7.6　导 入 高 程

7.6.1　导入高程的实质

高程联系测量也称导入标高。它的任务就是把地面坐标系统中的高程，经过平硐、斜井或竖井传递到井下高程测量的起始点上，所以我们称之为导入高程（也称导入标高）。

导入高程的方法随开拓的方法不同而分为：

（1）通过平硐导入高程；

（2）通过斜井导入高程；

（3）通过竖井导入高程。

通过平硐导入高程，可以用一般井下几何水准测量来完成。其测量方法和精度与井下 I 级水准相同。

通过斜井导入高程，可以用一般三角高程测量来完成。其测量方法和精度与井下基本控制三角高程测量相同。上述两种测量方法已于前面详细讲解过，故本节只详细讨论通过竖井导入高程。

通过竖井导入高程，是采用一些专门的方法来完成的。在讨论这些方法之前，先来看一看这些方法的共同基础。设在地面井口附近一点 A，其高程 H_A 为已知，一般称 A 点为近井水准基点，如图 7-8 所示。在井底车场中设一点 B，其高程待求。在地面与井下安置水准仪，并在 AB 两点所立的水准尺上取得读数为 a 和 b。如果已知地面和井下两水准仪视线之间的距离 l，则 AB 两点的高差 h 可按下式求出：

$$h = l - a + b = l + (b - a) \qquad (7-7)$$

解出 h，就能算出 B 点在统一坐标系统中的高程为：

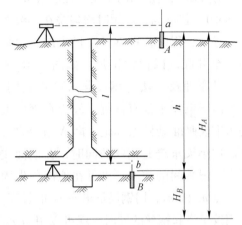

图 7-8 通过立井导入高程

$$H_B = H_A - h$$

因此，通过竖井导入高程的实质就是如何来求出 l。所以有人把它叫做井深测量，就是这个缘故。根据测量 l 所用的工具不同，将导入标高的方法分为两种：钢尺导入高程和钢丝导入高程。下面将分别加以讨论。

7.6.2 钢尺导入高程

钢尺导入高程，实质上就是用钢尺丈量井深。用来导入标高的钢尺有 100m、200m、300m 等几种。

用钢尺导入高程如图 7-9 所示。由地面向井下自由悬挂一根钢尺，在钢尺下端挂上重锤，重锤重量等于钢尺检验时的拉力。然后，在井上、下各安置一架水准仪，在 A、B 水准尺上读数分别为 a、b，然后照准钢尺，井上、下同时读数为 N_1 和 N_2。由图可知，井下水准基点 B 的高程为

$$H_B = H_A - h$$

式中，$h = (N_1 - N_2) - a + b$。

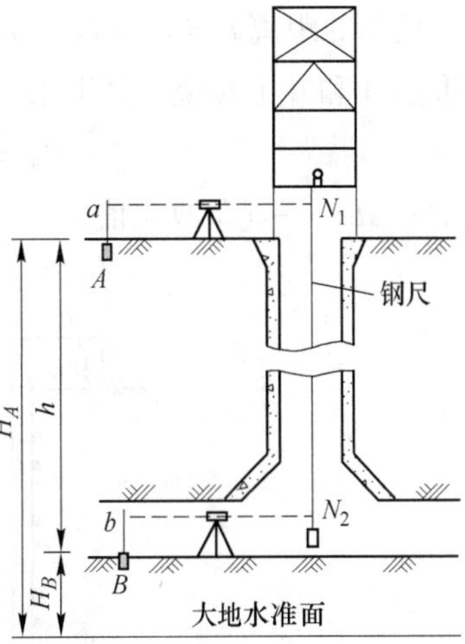

为了校核和提高精度，导入高程应进行两次，两次之差不得大于 $l/8000$（l 为钢尺或钢丝上下标志之间的长度，即井筒深度）。

用钢尺导入高程，必须具备长度大于井深的钢尺，也可以采用 50m 钢尺牢固连接起来。如果井筒较深时，可采用长钢尺或钢丝导入高程。

图 7-9 钢尺导入高程

7.6.3　钢丝导入高程

用钢丝导入高程时，因为钢丝本身不像钢尺一样有分划，所以不能直接量出长度 l，还必须在井口设一临时比长台来丈量钢丝长度以间接求得 l 值。

矿井联系测量用的钢丝直径小（0.5 ~ 2.0mm），强度高，不用时均匀绕在小绞车上。导入高程时，将钢丝通过小滑轮由地面挂至井底，以代替钢尺，如图 7-10 所示。其原理及方法与钢尺导入高程相同，只是由于钢丝上没有刻划，故应在钢丝上的水准仪照准处做上标记，即 N_1 和 N_2 处，然后用小绞车绕起钢丝的同时，在地面丈量出两记号间的长度。也可在地面预先固定两点 m_1 和 m_2，用钢尺量出 $m_1 m_2$ 的长度，在用绞车绕起钢丝的同时，就可以用 $m_1 m_2$ 的长度来量取 N_1 和 N_2 两记号间的长度，最

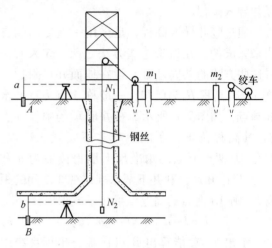

图 7-10　钢丝导入高程

后不足 $m_1 m_2$ 的余长用钢尺量出。用前一种方法时，缠绕钢丝的绞车可靠近井口安置，而不需要固定 m_1 和 m_2 两点。

7.6.4　光电测距仪导入高程

如图 7-11 所示，该方法是将测距仪安置在距井口不远处，在井口安置一个直角棱镜能将光线转折 90°，发射到在井下定向水平平放的反射棱镜，这样就可测出地面测距仪到井下棱镜的距离 $L = L_1 + L_2$。接着在井口安置棱镜测量距离 L_2。分别测量井口棱镜至地面水准点 A 和井下棱镜至井下水准点 B 的高差 h_1、h_2，则井下 B 点的高程为

$$H_B = H + h_1 - (L - L_2 + h_2) + \Delta L \tag{7-8}$$

式中　ΔL——气象改正值。

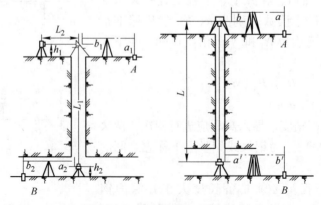

图 7-11　光电测距仪导入高程

习　题

7-1　矿井联系测量的目的是什么? 为什么要进行联系测量?

7-2　联系测量的任务有哪些?

7-3　矿井定向的种类有哪些?

7-4　简述一井定向的主要步骤。

7-5　与一井定向相比，两井定向有哪些优越性?

7-6　简述陀螺经纬仪定向的工作过程。

7-7　高程联系测量有哪些方法?

8 井下控制测量

井下控制测量的目的是确定巷道、硐室及回采工作面的平面位置与高程，为矿山建设与生产提供数据与图纸资料。井下控制测量包括井下平面控制测量和井下高程控制测量。井下控制测量和地面测量工作一样，应遵循"从高级到低级，从整体到局部"的原则。

8.1 井下平面控制测量

井下巷道平面控制测量是从井底车场的起始边和起始点开始，在巷道内向井田边界布设经纬仪导线。起始边的方位角和起始点的坐标是通过联系测量确定的。

在一般矿井中，井下平面控制测量分为两类：一类导线精度较高，沿主要巷道（包括斜井、暗斜井、平硐、运输巷道、矿井总回风巷道、主要采区上、下山、石门等）布设，称为基本控制导线。按测角中误差，又可分为 7″和 15″两级。另一类导线精度较低，沿次要巷道布设，闭（附）合在基本控制导线上，作为采区巷道平面测量的控制，称为采区控制导线，它分为 30″和 45″两级，见表 8-1。

表 8-1 井下导线测量技术规格和精度要求

导线类别	测角中误差	一般边长/m	最大角度闭合差		最大相对闭合差	
			闭、符合导线	复测支导线	闭、符合导线	复测支导线
基本控制	±7″	40 ~ 140	$\pm 14\sqrt{n}$	$\pm 14\sqrt{n_1 + n_2}$	1/8000	1/6000
	±15″	30 ~ 90	$\pm 30\sqrt{n}$	$\pm 30\sqrt{n_1 + n_2}$	1/6000	1/4000
采区控制	±30″	—	$\pm\sqrt{n}$	$\pm 60\sqrt{n_1 + n_2}$	1/3000	1/2000
	±45″	—	$\pm\sqrt{n}$	$\pm 90\sqrt{n_1 + n_2}$	1/2000	1/1500

在主要巷道中，为了配合巷道施工，一般应先布设 30″或 45″导线，用以指示巷道的掘进方向。巷道每掘进 30 ~ 200m 时，测量人员应按该等级的导线要求进行导线测量。完成外业工作后进行内业计算，将计算结果展绘在采掘工程平面图上，供有关部门了解巷道掘进进度、方向、坡度等，以便作出正确的决策。若测量人员填绘矿图之后，发现掘进工作面接近各种采矿安全边界，例如积水区、发火区、瓦斯突出区、采空区、巷道贯通相遇点以及重要采矿技术边界等，应立即以书面形式向矿领导和技术负责人报告，同时书面通知安全检查、施工区（队）等有关部门，避免发生事故。

每当巷道掘进 300 ~ 800m 时，就应布设基本控制导线，并根据基本控制导线成果展绘基本矿图。这样做，不仅可以起检核作用，而且能保证矿图精度，提高巷道施工的质量。

　　在矿山建设中，当井田一翼长超过 5km 时，应布设 7″导线作为基本控制，布设 30″或 45″导线作为采区控制；当井田一翼小于 5km 时，根据矿区井田范围大小等具体条件，可以选择 7″或 15″导线作为基本控制，布设 30″或 45″导线作为采区控制；当井田一翼长度小于 1km 的小型矿，则可布设 30″或 45″导线作为基本控制，相应的采区控制等级更低。由此可见，井下巷道平面控制测量的等级是根据井田范围的大小来决定的。不仅如此，井下巷道测量精度还必须与工程要求相适应。例如上述导线不能满足工程要求时，应另行选择更高的导线等级，这样才能保证井下巷道的正确施工，避免不必要的返工浪费。井下导线测量的技术规格和精度要求见表 8-1。

8.1.1　巷道平面控制测量的外业

　　井下巷道平面控制测量的主要形式是经纬仪导线，井下经纬仪导线的布设形式和地面一样，有闭合导线、符合导线和支导线三种。当布设支导线时，应进行往、返测量，也称复测支导线。

　　井下导线测量的外业步骤与地面导线一样，包括选点、埋点、测角、量距，其基本原理与地面经纬仪导线相同。

8.1.1.1　选点埋点

　　选点时应注意：通视良好；边长不宜太短；便于安置仪器；测点易于保存，便于寻找（通常设在坚硬岩石的顶板上，巷道分岔必须设点）。

　　根据巷道存在时间的长短，井下导线点又分为永久点和临时点两种，如图 8-1 与图 8-2 所示。在木棚梁架的巷道中，可用弯铁钉钉入棚子，作为临时测点。永久点一般埋设在主要巷道的顶板上，每隔 300～800m 设置一组，每组由相邻的三点组成。有条件时，也可以在主要巷道中全部埋设永久点。永久点应在观测前一天选埋好，临时点可以边选边测。

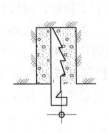

图 8-1　井下永久导线点

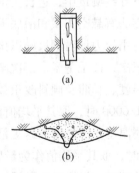

图 8-2　井下临时导线点

　　为了便于管理和使用，导线点应按一定规则进行编号，例如"ⅢS25"，表示三水平南翼 25 号导线点。为了便于寻找，在测点附件巷道帮上筑设水泥牌，将编号用油漆写在牌子上，或刻印在水泥牌子上，涂上油漆，做到清晰、醒目，便于寻找。

8.1.1.2 水平角测量

经纬仪安置方法与地面测量相同，由于导线点设在顶板上，仪器安置在导线点之下，故要求仪器有镜上中心，以便进行点下对中。对中时望远镜必须处于水平位置，风流较大时，要采取挡风措施；如果边长较短（例如小于30m），为了提高测角精度，应按规程要求增加对中次数和测回数。我国上海第三光学仪器厂生产的一种垂球，其垂球长度可以伸缩，点下对中十分方便。杭州光学仪器厂生产的一种光学对中器可以装置在脚架上或望远镜的镜筒上方，用于点下对中，不仅对中精度高，而且能提高工作效率。

观测水平角时，在前、后视点上悬挂垂球，以垂球线作为觇标，如果需要测量倾角，还要在垂球线上做临时标志（如插小铁钉）。矿灯上蒙一层透明纸，在垂线后面照明，以便观测。在整个测角过程中，用"灯语"进行指挥。测角方法可采用测回法，观测导线的左角，当方向数超过两个以上时，采用方向观测法测角。在测量水平角时，为了将导线边的倾斜距离换算成水平距离（见图8-3），还应同时观测导线边的倾斜角。当各项限差符合表8-2中的规定时，才可迁往下一个测站。

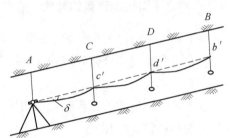

图 8-3 井下水平角测量

表 8-2 井下水平角测量的技术要求

仪器级别	半测回互差	检查角与最终角之差	两测回间互差	两次对中测回间互差
J_2	20″	—	12″	30″
J_6	40″	40″	30″	60″

8.1.1.3 边长丈量

在井下导线测量中，边长丈量通常在测角之后进行。量边工具有钢尺、拉力计和温度计。量边方法有悬空丈量和沿底板丈量两种。基本控制导线的边长必须用经过比长的钢尺丈量，同时用拉力计对钢尺施以比长时的拉力，并测定温度。丈量时，每尺段应于不同的位置读数三次，读至毫米，三次测得长度互差不得超过3mm。计算一条边的正确长度应加入比长、温度、垂曲及倾斜改正数。当加入各种改正数之后的往返水平边长互差不大于平均长度的1/6000时，取其平均值作为最后结果。丈量采区控制导线的边长可凭经验施加拉力，不测温度，但必须往返丈量或错动钢尺位置1m以上丈量两次，其互差不大于边长的1/2000时，取其平均值作为最后结果，否则重新丈量。

当边长超过一尺段时，可用经纬仪进行定线。如图8-3所示，经纬仪设置在 A 点，望远镜照准 B 点垂球线上的标志 b′，将望远镜制动，在略小于钢尺一整尺段的距离处设置临时点 C、D，挂上垂球线，A、C、D、B 在一条直线上。然后，在 C、D 垂球线上设置标志 c′、d′，使 c′、d′、b′ 与望远镜里的十字丝交点重合，定线便完成了。此后即逐段丈量，最后累加得到总倾斜长度。测出倾角 δ 后，按下式计算边长水平长度，即

$$S = L\cos\delta \tag{8-1}$$

式中　S——水平长度；

$\quad\quad L$——倾斜长度；

$\quad\quad \delta$——倾斜角。

在测量采区导线时，需要4人一组，1人观测，1人记录，前后视司光员各1人；测量基本控制导线时，需要增加1人帮助量距、定线等工作。全组应合理分工、密切配合，共同完成外业工作。

在巷道测量中，工作环境黑暗、潮湿、狭窄，来往行人、车辆较多，巷道内又有各种管线障碍。所以，无论测角或量边，都必须注意安全，爱护仪器工具。经纬仪导线测量的外业记录见表8-3。

表8-3　井下经纬仪导线测量手簿

| 测量地点： | | 仪器号： | | 测量者： | | | 前视： | |
| 测量日期： | | 钢尺号： | | 记录者： | | | 后视： | |

测站点	照准点	水平度盘读数			竖直度盘读数		斜距 L/m	平距 S /m	觇标高上左+右下	仪高 i /m
		盘左	盘右	(左+右)/2	左右	倾角 δ				
1	3	0°46′00″	180°45′54″	45 57	89°46′54″ 270°13′18″	+0°13′12″	24.633	24.633	1.050 1.3+1.4 1.890	0.880
	2	31°05′36″	211°04′54″	05 15	89°45′30″ 270°14′34″	+0°14′32″	59.046	59.048		
水平角		30°19′36″	30°19′00″	19 18			往返平均值	59.044		
2	1	0°01′30″	180°54′23″	01 00	90°28′54″ 261°31′00″	−0°28′57″	59.041	59.039	1.210 1.5+0.8 1.720	1.42
	3	179°54′06″	359°53′24″	53 45	90°31′30″ 269°29′00″	−0°31′15″	20.830	20.829		
水平角		179°52′36″	179°52′45″	52 45						

应当指出的是，目前国内外有的矿井采用陀螺仪配合电磁波测距仪布设井下高级控制点导线，虽然精度高、速度快，但成本也高，而且受井下环境的影响，要求仪器防爆。故目前尚未推广使用，仅用于测量控制导线的边长和方位，以提高控制导线的精度。

8.1.2　巷道平面控制测量的内业

井下导线测量的内业计算与地面导线相同。为了防止发生错误，计算工作分别由两人独立进行，计算格式和实例见表8-4。计算完成后应校对结果。

表 8-4　经纬仪导线成果计算表

仪器站	测点	水平边长 l	水平角 °	水平角 ′	水平角 ″	方位角α °	方位角α ′	方位角α ″	象限角 R	cos α	sin α	±Δx	±Δy	±Δz	±x	±y	±z	巷道全高 ±z	站点号
1	8					289	05	04							−372.868	−3069.726			1
1	8 / 2	59.044	30	19	+2 / 18	319	24	24	N40 35 36W	0.759347	0.650686	−5 / +44.835	−2 / −38.419		−328.038	−3108.147			2
2	1 / 3	20.830	179	52	+3 / 45	319	17	12	N40 42 48W	0.757982	0.652275	−2 / +15.789	−1 / −13.587		−312.251	−3121.735			3
3	2 / 4	36.324	26	15	+2 / 36	165	32	50	S14 27 10E	0.968354	0.249582	−3 / −35.174	−1 / +9.066		−347.428	−3112.670			4
4	3 / 5	24.226	198	06	+2 / 48	183	39	40	S3 39 40W	0.997959	0.063855	−2 / −24.177	−1 / −1.547		−371.607	−3114.218			5
5	4 / 6	17.782	177	15	+2 / 09	180	54	51	S0 54 51W	0.999873	0.015955	−1 / −17.780	0 / −0.284		−389.388	−3114.502			6
6	5 / 7	17.851	10	53	+3 / 12	11	48	06	N11 48 06E	0.978861	0.204525	−1 / +17.474	−1 / +3.651		−371.915	−3110.852			7
7	6 / 8	19.212	236	29	+3 / 42	68	17	51	N68 17 51E	0.369787	0.929116	−1 / +7.104	−1 / +17.850		−364.812	−3093.003			8
8	7 / 1	24.632	220	47	+3 / 10	109	05	04	S70 54 56E	0.326961	0.945038	−2 / −8.054	−1 / +23.278		−372.868	−3069.726			1
Σ		219.901	1079	59	40							+85.202 / −85.185	+53.845 / −53.837						
Σβ理			1080	00	00							$f_x=$ +0.017	$f_y=$ +0.008						

$$f_\beta = -20''$$

$$f_{\beta允} = \pm 30''\sqrt{8} = \pm 84''$$

备注和草图

角度及边长抄自经纬仪导线测量手簿（见表 1-15）

$$V_{\beta_i} = -\frac{f_\beta}{n}$$

$$f = \pm\sqrt{f_x^2 + f_y^2}$$
$$= \pm\sqrt{(0.017)^2 + (0.008)^2}$$
$$= \pm\sqrt{0.000353} = \pm 0.019$$

$$\frac{f}{[l]} = \frac{0.019}{219.901} = \frac{1}{11574}$$

8.2 井下高程控制测量

巷道高程控制测量通常分为井下水准测量和井下三角高程测量。当巷道的坡度小于8°时，用水准测量；坡度大于8°时，用三角高程测量。

巷道水准测量按精度不同，可分为两级：Ⅰ级水准和Ⅱ级水准。

井下Ⅰ级水准测量的精度要求较高，是矿井高程测量的基础，主要作为井下首级高程控制。井下Ⅰ级水准由井底车场的水准基点开始，沿主要运输巷道向井田边界测设；井底车场内的水准基点称为高程起算点，它的高程是通过联系测量得到的。

井下Ⅱ级水准均布设在Ⅰ级水准点之间和采区的次要巷道内。Ⅱ级水准的精度低，主要用于日常采掘工程中，例如检查巷道的掘进坡度以及测绘各种纵剖面图等。对于井田一翼小于500m的矿井，Ⅱ级水准可以作为首级高程控制。

井下高程点的设置方法与导线点类似，无论永久点或临时点，都可以设在巷道顶板、底板或两帮上。井下高程点也可以和导线点共用，永久水准点每隔300~800m设置一组，每组埋设两个以上水准点，两点间距以30~80m为宜。

井下水准路线随着巷道掘进不断扩展，一般用Ⅱ级水准测量指示巷道掘进坡度，每掘进30~50m时，应设临时水准点，测量出掘进工作面的高程；每掘进800m时，则应布设Ⅰ级水准，用以检查Ⅱ级水准，同时建立一组永久水准点，作为继续进行高程测量的基础，如此不断扩展，形成井下高程控制网。

8.2.1 井下水准测量

井下水准测量路线的布设形式、施测方法、内业计算以及仪器、工具等，均与地面水准测量相同。只是井下工作条件较差，观测时需要灯光照明尺子，水准尺较短，通常是2m长的水准尺。井下水准测量的测站检核和地面一样，用双仪高法或双面尺法进行。变动两次仪高或红黑面尺所测得的两次高差之差，对于Ⅰ级水准测量不应超过4mm，对于Ⅱ级水准测量不应超过5mm；闭合、符合及支水准路线的高差闭合差：Ⅰ级水准不超过

$\pm 15\sqrt{R}$mm，Ⅱ级水准不超过 $\pm 30\sqrt{R}$ mm，式中的 R 为水准路线单程长度，以百米为单位。

井下水准测量原理与地面基本相同，但由于井下水准点大多数埋设在顶板上，观测时要倒立水准尺，所以，计算立尺点之间的高差可能出现如图8-4所示的四种情况，现分别说明如下：

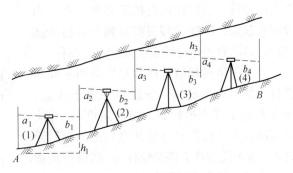

图 8-4 井下水准测量四种形式

（1）前后视立尺点都在底板上，如测站（1），有

$$h_1 = a_1 - b_1$$

（2）后视立尺点在底板上，前视立尺点在顶板上，如测站（2），有

$$h_2 = a_2 - (-b_2) = a_2 + b_2$$

（3）前后视立尺点都在顶板上，如测站（3），有

$$h_3 = (-a_3) - (-b_3) = -a_3 + b_3$$

（4）后视立尺点在顶板上，前视立尺点在底板上，如测站（4），有

$$h_4 = (-a_4) - b_4 = -a_4 - b_4$$

在上述四种情况中，不难看出：凡水准尺倒立于顶板时，只要在读数前冠以负号，计算两点间的高差，仍然和地面一样，等于后视读数减去前视读数，即 $h = a - b$。因此，当水准尺倒立在顶板上时，立尺员应将此种情况告诉记录员，使之在记录簿上注记清楚。用符号"T"表示立尺点位于顶板上，符号"⊥"表示立尺点位于底板上，"⊣"或"├"符号表示立尺点位于左、右帮上。外业工作完成之后，即可进行内业计算，其计算方法与地面水准测量相同。井下水准测量的外业记录格式和实例见表8-5。

表8-5 井下水准测量记录表

工作地点：　　　　　　　　观测者：　　　　　　　　检查者：

日　期：　　　　　　　　　记录者：　　　　　　　　仪器号：

仪器站	测站	距离 /m	水准尺读数 后视	水准尺读数 前视 转点	水准尺读数 前视 中间点	高差 h/m	平均高差 h/m	高程 H/m	测点位置	转点号	备注
1	A		0.936			+2.420		-67.664	⊥	A	
			0.814			+2.418	+2.419				
2	B		-1.580	-1.485				-65.245	T	B	
			-1.691	-1.604							
	C			-1.588		+0.008		-65.237	T	C	
				-1.696		+0.005	+0.006				

8.2.2 井下三角高程测量

井下三角高程测量由水准点开始，沿倾斜巷道进行。它的作用是把矿井各水平的高程联系起来，即通过倾斜或急倾斜巷道传递高程，测出巷道中导线点或水准点的高程。

井下三角高程测量通常与导线测量同时进行。如图 8-5 所示，安置经纬仪于 A 点，照准 B 点垂球上的标志，测出倾角 δ，并丈量测站点 A 的仪器中心至 B 点标志的倾斜距离 L，量出仪器高 i 和觇标高 v；然后按地面三角高程测量公式计算两点之间的高差，即

$$h_{AB} = L\sin\delta + i - v$$

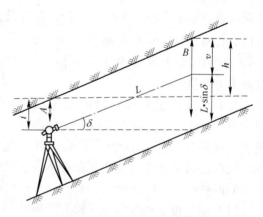

图 8-5 井下三角高程测量

由于井下测点有时设在顶板或底板上，因此，在计算高差时，也会出现和井下水准测量相同的四种情况。所以在使用上式时，应注意：测点在顶板上时，i 和 v 的数值之前应

冠以负号，δ 为仰角时函数值符号为正，俯角时为负。如图 8-5 中，$h_{AB} = L\sin\delta - i + v$。

三角高程测量的倾角观测，一般可用一个测回，通过上山传递高程应不少于两个测回，仪器高和觇标高用小钢尺在观测开始前和结束后各量一次，两次丈量的互差不得大于 4mm，取其平均值作为丈量结果。基本控制导线的三角高程测量应往、返进行，相邻两点往、返测高差的互差和三角高程闭合差不超过表 8-6 的规定时，按边长成比例进行分配，然后算出各点高程。

表 8-6　三角高程测量技术要求

导　线　类　别	相邻两点往返测高差的允许互差 /mm	三角高程允许闭合差 /mm
基本控制	$10 = 0.3l$	$30\sqrt{L}$
采区控制		$80\sqrt{L}$

注：l—导线水平边长，m；

　　L—导线周长（复测支导线为两次测量导线的总长度），$\times 10^2$ m。

8.3　罗盘仪在井下测量中的应用

罗盘仪是一种测量磁方位角的低精度仪器，它具有构造简单、使用和携带方便、工作迅速等特点。在矿井测量中，罗盘仪多用于次要巷道和回采工作面，以及初步给定施工巷道的掘进方向等。在小型矿山中使用更为广泛，甚至用于小型贯通工程测量。

罗盘仪测量的主要工具有矿山挂罗盘仪、半圆仪、皮尺和测绳。

（1）矿山挂罗盘仪。井下罗盘仪一般制成悬挂式，故称为挂罗盘仪。它的构造及用途与手罗盘相仿，如图 8-6 所示。罗盘盒利用螺丝与圆环相连，当挂钩挂在测绳上时，不论测绳的倾角如何，罗盘仪由于自重作用，保持其水平。

罗盘盒的度盘刻划按逆时针方向由 $0° \sim 360°$，最小分划值为 $30''$。在 $0°$ 和 $180°$ 的位置，注有北（N）和南（S）字样。罗盘盒的背面有一制动磁针

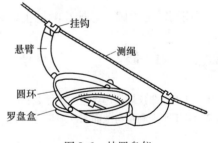

图 8-6　挂罗盘仪

的螺丝，不用时将其旋紧，使用时旋松。罗盘盒内的磁针静止时，绕有铜丝端指向南，另一端指向北。

挂罗盘仪主要用于测量直线的磁方位角。为了方便使用，每个罗盘在使用之前，应在井下（或采区）的不同地点选择若干条已知坐标方位角的边，用该罗盘分别测出各边的磁方位角。根据前述几种方位角之间的关系可知：

$$\alpha = A_m + \delta - \gamma$$

若令 $\delta - \gamma = \Delta$，则有

$$\alpha = A_m + \Delta \tag{8-2}$$

式中　α——已知边的坐标方位角；

　　　A_m——已知边的磁方位角；

Δ——坐标磁偏角。

根据不同地点测得的磁方位角，按式（8-2）计算出矿井（或采区）的平均坐标磁偏角，它不仅用于罗盘仪导线测量，而且用于直线巷道的初步给向以及次要巷道开门子（或开口子）测量等。

根据磁方位角与真方位角、坐标方位角的关系，挂罗盘仪又可用于测量直线的真方位角与坐标方位角。相邻两条直线的磁方位角之差为水平角，所以它又可以测量水平角。

（2）半圆仪。半圆仪常用铝质等轻金属制成，形状和刻划方法如图 8-7 所示，最小刻划为 20″或 30″，半圆仪两端有挂钩，通过半圆环的圆心小孔，用细线挂一小垂球。

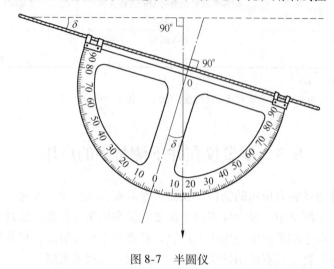

图 8-7　半圆仪

使用时把半圆仪悬挂在测绳上，利用垂球自重，即可在半圆仪上测量出直线的倾角。

 习　题

8-1　井下经纬仪导线选点应注意什么？
8-2　井下水准测量与地面水准测量有何异同？

9 立井施工测量

在竖井开拓的矿井中，立井施工测量是非常重要的工作，与其他的施工测量一样，其任务仍然是根据已批准的各种施工设计图纸资料，将施工工程的设计位置标定于现场，并进行检查测量。因此在进行施工测量前，应熟悉设计图纸内容，领会设计意图，验算有关数据核对图上平面坐标和高程系统、几何关系及设计与现场是否相符。如对设计图有疑问时，应及时要求设计人员释疑，在有关部门未签字的情况下，不得进行施工标定。同时，对标定工作所需用的测量控制点及其成果也应进行检查。施工标定所用的测量基点应埋设牢固，并加强保护。施工标定及检查测量的结果，也应用专用记录簿记录并绘制草图。现场标定的结果应以书面形式向施工负责人交代清楚，立井施工测量所包括的内容很多，但其中最主要的工作是井筒中心、井筒十字中心线的标定以及立井掘进时的施工测量。

9.1 井筒中心、井筒十字中线的标定

9.1.1 井筒中心与十字中线

圆形竖井（立井）的井筒中心就是井筒水平断面的几何中心。

井筒十字中线是指通过井筒中心，并互相垂直的两条水平方向线。其中一条与井筒提升中心线相平行或重合，称为井筒主十字中线。通过井筒中心的铅垂线称为井筒中心线，如图 9-1 所示。

斜井和平硐井筒的主要中心线是指井口位置的巷道中心轴线，而斜井井口中心是斜井中心线上的设计变坡点，如图 9-2 所示。

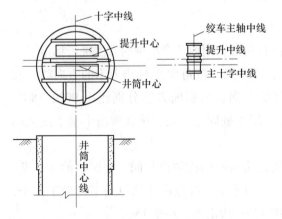

图 9-1 竖井井筒中心和十字中线

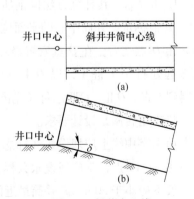

图 9-2 斜井中心线

（a）平面图；（b）竖直断面图

井筒中心和井筒十字中线在建井初期及其以后的生产阶段都十分重要，例如：工业广场位置，以主要建筑物的定位；立井提升机械设备的安装和检查；井筒中的灌道、灌道梁和其他设备及井底车场等，都是以井筒中心和十字中心线为依据进行标定的。因此，必须妥善保护好十字中线的标桩。

9.1.2　井筒中心与十字中线的标定

标定井筒中心与十字中线，应准备图纸资料，计算标定数据，然后到现场进行标定。

（1）图纸准备。标定井筒中心及井筒十字中线应具备下述资料：

1）矿井附近控制网资料；

2）井筒中心设计坐标及井筒十字中线的坐标方位角；

3）工业广场平面图和施工总平面图；

4）井筒施工期间的临时设备平面布置图；

5）工业广场矿柱设计图。

测量人员应根据上述资料，到现场踏勘，合理选择埋设十字中线标桩的位置，保证它们在施工过程中不受破坏，互相通视，而且便于长期保存。在现场踏勘过程中，发现测量控制点离开井筒较远时，应在井筒附近按有关规范要要求建立平面和高程控制点，这些点称为近井点，如图9-3中的 A 点。

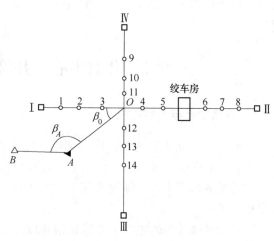

图9-3　近井点的布设

（2）计算标定数据。图9-3中，A、B 为近井点，O 为井筒中心，它们的坐标都是已知的，十字中线的坐标方位角由设计给出。这时，即可算得水平角 β_A、β_0 和边长 S_{AO}。其计算方法同前所述。

（3）其他标定。井筒中心的平面位置与高程位置，用前几章所讲的方法进行标定。

标定出 O 点之后，在 O 点安置经纬仪，后视 A 点，按角度 β_0 标出 OI 的方向线，在距井筒较远处打一木桩 I，以 OI 方向为起始方向，用精确方法分别测出 $90°$、$180°$、$270°$，得到 $O\text{Ⅳ}$、$O\text{Ⅱ}$、$O\text{Ⅲ}$ 方向（见图9-3），用木桩固定。最后重新测出十字中线之间的夹角，检查是否满足设计要求。

在井筒十字中线上应埋设永久标志桩，其方法与平面控制点相同。如图中的 Ⅰ、Ⅱ、Ⅲ、Ⅳ点和 1～14 点，都应埋设永久标志桩。井筒十字中线点在井筒每侧不得少于 3 个，点间距一般不应小于 20m，离井筒最近的标桩距井筒边沿不应小于 15m。

标定井筒中心和十字中心线的精度要求见表9-1。

表 9-1 标定井筒中心和十字中心线的精度要求

条 件	实测位置与设计位置的允许互差			两十字中线的垂直程度误差
	井筒中心平面位置/m	井口高程/m	主中心线方位角	
井巷工程与地面建筑未施工前	0.50	0.05	3′	±30″
井巷工程与地面建筑已施工时	0.10	0.03	1.5′	±30″

9.2 井筒施工测量

9.2.1 竖井掘进时的测量工作

竖井井筒施工时，先根据井筒中心和井筒毛断面设计半径，在实地上画出破土范围，进行破土施工。

破土后，井筒中心成为虚点。为了找出井筒中心，可以沿井筒十字中线拉两条钢丝，其交点即为井筒中心，也可以用两台经纬仪检测井筒中心。然后，从交点处自由悬挂垂球线，指示井筒下掘，如图 9-4 所示。

破土下掘 3m 左右，应砌筑临时锁口的承托部分，以便安置临时锁口框架及井盖门等，固定井位，封闭井口。然后，根据井筒中心点下放的垂球线继续掘进，待掘进到第一砌壁段后，随即由下向上砌筑永久井壁，同时砌筑永久锁口。

9.2.1.1 临时锁口框架的标定

锁口框架必须水平安装在地表面，并按井筒十字中线找正，其方法如下：

（1）安装框架之前，应在框架上标出十字中心线方向的点 a、b、c、d（见图 9-4）。

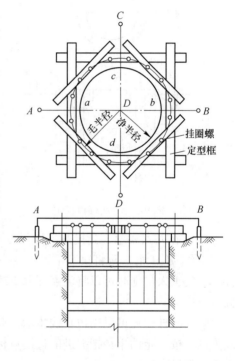

图 9-4 临时锁口标定中线

（2）用经纬仪沿井筒十字中心线方向标出 A、B、C、D 四点，各距井壁 3~4m，埋设大木桩，桩顶钉小钉作为标志。各桩顶应同高。

（3）将锁口框架安置在井口预定位置后，在实地上沿 AB、CD 拉两根细钢丝挂上垂球，使框架上 a、b、c、d 对准 A、B、C、D 方向。

（4）用水准测量方法将框架安置在设计高程上，并检查框架是否水平。

其垂直和水平误差均不得超过 ±20mm。

另一种施工方法是采用混凝土浇灌或用料石砌筑临时锁口，而不用临时锁口框。砌筑这种临时锁口时，测量人员只要给出井筒十字中线和井口的设计高程，即可进行施工。标定方法同上。井口高程可用水准测量方法自水准基点引测。这种临时锁口可以服务于整个井筒的砌筑。待全部砌筑工作完毕后，在浇灌永久锁口，如图 9-5 所示。

9.2.1.2　在井盖梁上标定井筒中心

井盖梁安装好后，应将井筒中心标定在井盖梁上，以便悬挂垂球线，指示井筒下掘。标定井筒中心一般有两种方法。

（1）在井盖梁上，当提升吊桶不占用井筒中心位置时，用角钢做成定点板，板上刻一小缺口（见图 9-6）。然后将角钢置于横梁上，用两台经纬仪校正缺口，使之位于井筒中心的位置，并固定角钢。这时即可过缺口悬挂垂球线。

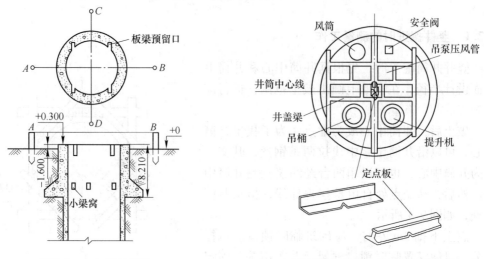

图 9-5　永久锁口标定　　　　　　　　图 9-6　井筒中心线的固定

（2）在井盖梁上，当提升吊桶不占用井筒中心位置时，用角钢做成临时定点杆，如图 9-7 所示。施工前，应将缺口位置用经纬仪校正，然后用螺丝临时固定在横梁上。掘进过程中，施工人员随时可以将定点杆取下或安上，即不影响施工，又可以悬挂垂球线来检查掘进方向。

除此之外，还可以用边垂线指示井筒掘进，如图 9-8 所示。这时，以下放的中心垂球线为准，按一定的半径把掘进的边线点标投到井盖上或井壁上，由边线点下放四条边垂线来指示掘进方向。

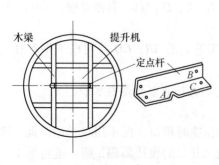

图 9-7　在井盖梁上标定井筒中心

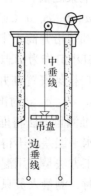

图 9-8　边垂线指示掘进

无论用中垂线或边垂线指示井筒掘进方向，其垂线上的垂球重量都与井深有关。当井深为 10～15m 时，垂球重量不小于 10kg；当井深为 50～200m 时，垂球重量不小于 20kg；当井深为 200m 以上时，垂球重量不小于 30kg。

近年来，我国研制了一种激光投点仪，它的基本构造和使用方法与激光指向仪相似。激光指向仪是给出巷道的中腰线，而激光投点仪是给出立井井筒的中心线。当立井开拓时，用激光的光束代替原始的垂球线，可以提高施工效率。但是，在使用激光投点仪时，因为施工使仪器受震动或其他原因的影响，光束可能会改变方向。故要求经常检查，用井筒中心悬挂垂球线的方法检查校正激光的光束方向。

9.2.2　竖井砌壁时的测量工作

（1）井壁高程点的标定。竖井施工通常是自上而下，分段掘进。井筒掘进完一段后，依据井筒中心线由下而上砌筑永久井壁。为了控制高程位置，每隔 30～50m 在永久井壁上建立高程点，并注记编号。高程点的标定步骤如下：

1）在井盖上靠近井壁处钻一小长方孔，用小铁板覆盖一半，并用水准仪测出小铁板上沿高程。

2）由小孔下放钢尺，放到井深约 40m 处，即可在井壁上设置第一个高程点。

3）井筒掘进过程中，从第一个高程点起，依次向下转设高程点，并用钢尺依次测出各点高程。

4）在马头门和硐室上方，至少应设两个高程点，其高程应往返测量。

（2）梁窝平面位置的标定。预留梁窝是井筒砌壁时一项主要测量工作。首先，应根据井筒施工平面图，预先计算出梁窝中心的放线点 1、2、3、4 等点（见图 9-9）的坐标，将放线点的平面位置标定在井盖上。然后，通过各点下放垂球线，按此垂球线在模板上确定预留梁窝的中线平面位置。

（3）梁窝高程位置的确定。确定梁窝的高程位置，一般采用长钢丝牌子线法。

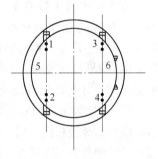

图 9-9　梁窝平面位置的标定

首先，制作长钢丝牌子线。在地面上用规定的拉力将钢丝展平，按设计的梁窝层间距，在钢丝上焊上小铁牌，铁牌底缘表示梁窝层间距；其次，将制作好的钢丝牌子线沿主梁位置下放，或沿井筒十字中心线上的边垂线点下放，施以展平时的拉力，使第一块牌子对准第一层梁窝的设计高程。然后，固定牌子线，如图 9-10 所示，每个牌子的位置就是每层梁窝的高度，并把高程位置标定在井壁上。

9.2.3　竖井装备时的测量工作

（1）竖井剖面测量。井筒砌壁之后，应进行井筒剖面测量，以便查明井壁的竖直程度，检查提升容器与井壁的最小距离，然后才能安装罐道梁。

立井剖面测量是自上而下，沿每层梁窝或每隔 5～10m 进行。测量时，首先靠近井壁梁窝，下放 4～6 根垂球线 O_1、O_2、O_3、O_4，如图 9-11（a）所示，测量垂球线至井壁的距离以及各测点的高程。然后，在室内按一定比例尺作剖面图，如图 9-11（b）所示。

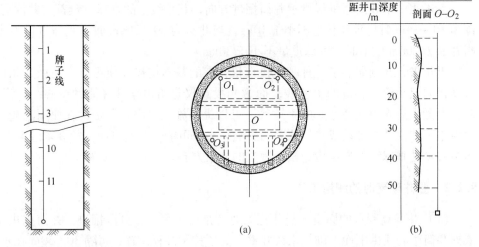

图 9-10　梁窝高程位置的标定　　　　　　　图 9-11　立井剖面测量

（2）罐道梁安装测量。罐道梁安装顺序通常是由上而下进行的。先安装第一层罐道梁，然后，以第一层罐道梁为基础，依次安装以下各层罐道梁。因此，第一层罐道梁又称基准梁，必须要格外精确地测量。

1）第一层罐道梁的安装测量。第一层罐道梁是在地面组装好，并在梁上标出与十字中线相应的记号 A、B、C，如图 9-12 所示。

在十字中线上拉直钢丝，挂上垂球，使梁上 A、B、C 各点与相应的垂球尖对准，然后检查十字中线的间距 a、b、c、d、e、f、g。梁面高程位置应按高程点找平，使每一层梁的高程与设计高程相符；经核查平面与高程位置均合乎要求后，才可浇注混凝土。

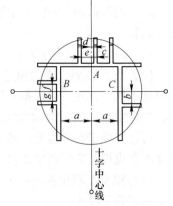

图 9-12　罐道梁安装测量

2）各层罐道梁的安装测量。第一层罐道梁安装完毕之后，应把垂球线移设在第一层梁上，并固定之。然后将垂球线直接放到井底，而且在井底安装两根临时罐道梁，使垂球线稳定后，用卡线板固定在梁上，如图 9-13 所示，则垂球线即作为安装各层罐道梁的依据。

安装人员在安装各层罐道梁时，一般采用各种规尺（见图 9-14）进行。例如：各层

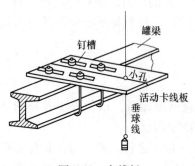

图 9-13　卡线板

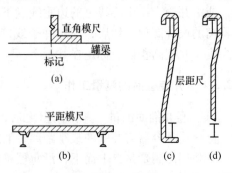

图 9-14　规尺

之间的层间距可以用层距尺来控制；梁与梁之间的平距用平距模尺控制；梁与梁之间的角度用直角模尺控制等。最后，使各层梁安装在同一竖直面上，梁上相应标记位于同一垂球线上。

9.3　井底车场和硐室施工测量

9.3.1　马头门的开切

当井筒掘进到设计水平后应检查高程及实际地质情况是否与设计相符，然后掘进马头门和井底车场。

井下马头门的开切，通常是沿井筒主要十字中线方向进行的，如图 9-15 中 I 、II 所示。在井筒内该方向线上，悬挂两根垂球线 A 和 B ，并用瞄线法在稍高于马头门的井壁上设立 M 、 N 两个点，悬挂垂球线，使 M 、 A 、 B 、 N 都在井筒主要十字中线上，并用瞄线法指示马头门的开切方向。

当井底车场巷道掘进 10m 左右，则应进行传递高程的检查。当巷道掘进 20m 左右时，应进行矿井联系测量，将地面控制点的坐标和高程传入井下，以便精确地给出井底车场的巷道中线和腰线。

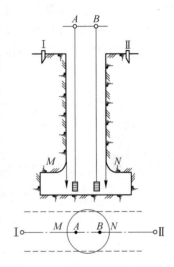

9.3.2　马头门开切后巷道中线的标定

图 9-15　马头门开切方向标定

通过矿井联系测量，得到了井下起始点 C 、 D 的坐标与 CD 边的坐标方位角。由此可以精确地标定出巷道掘进中线，其步骤是：

（1）根据井底车场设计图，在巷道中线上选定 a 、 b 两点，并量出井筒中心到 a 、 b 两点的水平距离 S_1 和 S_2 ，如图 9-16 所示。

（2）计算 a 、 b 两点的坐标 x_a 、 y_a 和 x_b 、 y_b ：

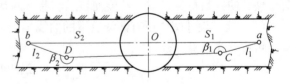

图 9-16　巷道中线的标定

$$x_a = x_o + S_1 \cos\alpha_{oa}$$
$$y_a = y_o + S_1 \sin\alpha_{oa}$$
$$x_b = y_o + S_2 \cos\alpha_{ob}$$
$$y_b = y_o + S_2 \sin\alpha_{ob}$$

式中　　 x_o , y_o ——井筒中心坐标；

α_{oa} , α_{ob} ——设计巷道中线的正、反坐标方位角。

（3）按坐标反算公式，计算标定数据 l_1 、 l_2 ，并算得水平角 β_1 、 β_2 。

（4）分别在 C 点和 D 点安置经纬仪，根据 β_1 、 β_2 和 l_1 、 l_2 用极坐标法定出巷道的中线点 a 和 b 。

9.3.3 井底车场的导线设计

井底车场是连接井筒和主要运输、通风等巷道和各种硐室的总称，它是井下的总枢纽站。它是由若干个曲线巷道和直线巷道组成的，如图 9-17（a）所示。

井底车场的特点是曲线巷道多，道岔多，巷道的断面和坡度的变化多。并常采用相向工作面掘进。

为了做好掘进井底车场的测量工作，测量人员首先要研究和熟悉井底车场的设计图纸。为了校核设计图纸上巷道的几何关系和注记尺寸是否正确，并取得在施工时所需要的测设数据，还应进行井底车场导线设计。设计导线一般沿轨道中心布设。其优点是不受巷道断面变化的影响；当巷道按设计导线铺设轨道时，无需再给轨道中线。

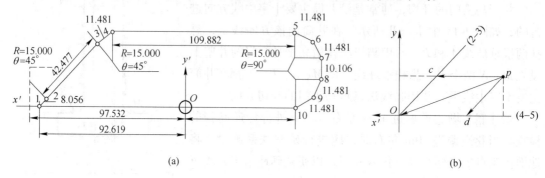

图 9-17　井底车场导线布设

井底车场导线设计的具体步骤为：

（1）一般选取曲线巷道的起点和终点、道岔的岔心和硐室的入口处等为导线点。导线沿整个井底车场构成一个闭合环。在圆曲线的中间部分是以弦来代替曲线的；在选择弦长时应使弦的数目最少，但又不能使弦线和巷道两帮接触。

（2）检查设计图中所有曲线巷道的曲线半径 R、圆心角 θ 和曲线长度 k 的关系是否对应。可按下式计算：

$$K = \frac{2\pi R\theta}{360}$$

（3）检查图上的角值、长度与注记是否一致。

（4）按设计坡度和水平距离计算各段高差，闭合环的高程闭合差应等于零。

（5）在大比例尺设计图上（1:200 或 1:500）选定导线点的位置。图上选点应使导线点数目尽可能少。相邻点应互相通视，测设方便。

（6）确定导线的边长和水平角。对于直线部分的边长和水平角可以直接从设计图中量取，但曲线部分的边长和水平角，需要计算才能获得。

（7）计算角度闭合差。导线的水平角从实际图上量得或计算出来后，应按下式检查角度闭合差是否为零。

当为内角时　　　　　　　　$\sum \beta_{内} - 180°(n-2) = 0$

当为外角时　　　　　　　　$\sum \beta_{外} - 180°(n+2) = 0$

式中　 n——导线点数目。

（8）计算坐标增量闭合差及各点坐标。设计导线点坐标的计算采用统一坐标系统，也可以采用假定坐标系统。采用统一坐标系统时，井筒中心坐标和井筒十字中线的坐标方位角为起算数据。如采用假定坐标系统时，则井筒中心为坐标原点，井筒十字中线便为坐标轴。设计导线应满足下列条件，即

$$\sum \Delta x = 0 ; \quad \sum \Delta y = 0$$

式中　　Δx，Δy——设计导线各点的坐标增量。

如不满足时，便产生了闭合差，即：

$$f_x = \sum \Delta x ; \quad f_y = \sum \Delta y$$

而

$$f = \sqrt{f_x^2 + f_y^2}$$

式中　　f_x，f_y——坐标增量闭合差；

　　　　f——线量闭合差。

则相对闭合差为

$$K = \frac{f}{\sum D} = \frac{1}{\dfrac{\sum D}{f}}$$

由上式计算出的相对闭合差不超过 1/2000 时，即可分配闭合差。分配时，由于巷道曲线部分的几何要素由设计规定，一般不应变动。所以，闭合差分配在直线巷道的导线边中。然后，推算出各设计导线点的坐标。

 ## 习　题

9-1　什么是井筒中心？什么是井筒的十字中心线？什么是井筒的主十字中线？

9-2　井筒中心如何标定？

9-3　井筒十字中线如何标定？

9-4　立井井筒施工时的临时锁口和永久锁口的标定方法是什么？

9-5　砌壁和装备时的测量工作有哪些？

9-6　试述井底车场设计导线的作用和设计步骤。

9-7　马头门施工的特点是什么？如何标定其中腰线？

10 巷道及回采工作面测量

10.1 巷道及回采工作面测量的目的和任务

巷道及回采工作面测量是指巷道掘进和工作面回采时的测量工作。在现代矿井，为保证均衡、安全生产和不断提高劳动生产率，需要按采矿计划和设计，在井下掘进大量巷道，并同时在多个采区的回采工作面进行回采工作。这就要求矿山测量人员及时提供反映矿井生产状况的图纸资料，从而带来大量的井下测量工作。它是矿井日常测量工作的主要内容。

巷道和回采工作面测量是在井下平面控制测量和高程控制测量的基础上进行的，它的任务是：

（1）在实地标设巷道的位置。要根据采矿设计标定巷道掘进的方向和坡度，并随时检查和纠正。通常称此项工作为标定巷道的中线和腰线，简称给中腰线。

（2）及时准确地测定巷道的实际位置，检查巷道的规格质量和丈量巷道进尺，并把巷道填绘在有关的平面图、立面图和剖面图上。

（3）测绘回采工作面的实际位置，统计产量和储量变动情况。

（4）有关采矿工程、井下钻探、地质特征点、瓦斯突出点和涌水点的测定等。

上述任务关系着采矿工程的质量和采矿计划的实现，矿山测量人员必须准确按时地配合生产细心进行上述测绘工作。如果掉以轻心，将造成重大的损失，例如报废巷道、延误工期、增加巷道维修工作量，甚至发生透水等危及人身安全的重大事故。矿山测量人员必须以高度的责任心，认真负责地做好这些日常矿山测量工作。

上述日常矿山测量工作是与生产紧密相关的。测量人员要具备巷道设计、矿井地质和生产的有关知识，严格遵守规程，并模范执行本单位制订的规章制度。在工作中，若与采矿生产发生矛盾时，既要坚持原则，又要与有关部门互相配合，还要不断地改进测量方法和工具，熟练地掌握操作技术，提高测绘工作效率，保证采矿生产的正确进行。

10.2 巷道中线的标定

标定巷道中线就是给定巷道平面内的掘进方向，简称给中线。

10.2.1 标定巷道开切地点和掘进方向

标定巷道开切地点和掘进方向的工作习惯上称为开门子。如图 10-1 所示，虚线表示设计的掘进的巷道，AB 为巷道的中线，4、5 为原有巷道的导线点。如果设计部门提供的设计图纸上没有标出导线点，测量人员要根据导线点的坐标将点展在图上。在图上可量出 4 点到 A 点的距离 l_1 和 5 点到 A 点的距离 l_2，$l_1 + l_2$ 应等于 4-5 导线边长。同时量出 4-5 与

AB 间的夹角 β，习惯称 β 为指向角。

井下实地测设 A 点和 AB 方向可以采用经纬仪法、罗盘法和卷尺法，下面分别讨论。

10.2.1.1 经纬仪法

标定时，在 4 点安置经纬仪照准 5 点，沿此方向由 4 点量取一段距离 l_1 即得到开切点 A。将 A 点在顶板上固定后再量 A 点到 5 点的距离 l_2 作为检核。

然后将经纬仪安置在 A 点，后视 4 点，对零后用正镜拨 β 角，这时望远镜视线的方向就是巷道掘

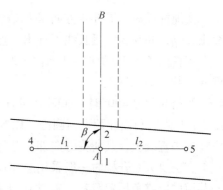

图 10-1 巷道开切点的测设

进的方向。在此方向上在顶板固定一点 2，倒转望远镜在其延长线上再固定一点 1，由 1、A、2 三点组成一组中线点，即可指示巷道开切的方向。有时为了明显，还可用油漆画出三点的连线。经纬仪在标定后应实测 β 角，以资检核。

10.2.1.2 罗盘法

在测设之前，在地面上先求出设计巷道 AB 的坐标方位角，并加磁偏角改正，求出其磁方位角 $A_{AB} = \alpha_{AB} \pm \Delta$。

测设时用卷尺沿 4-5 方向量距离 l_1 得 A 点（见图 10-1），同时量 l_2 作检核。在顶板固定 A 点后，拉以线绳，用挂罗盘（有时也用地质罗盘）根据 AB 的磁方位角给出巷道掘进的方向，在巷道顶板上固定一组中线点或用油漆标出掘进的方向。

10.2.1.3 卷尺法

在定出开切点之后，可利用三角原理，用小钢尺或布卷尺量距的方法标定巷道掘进的方向，如图 10-2（a）所示。设 $A2P$ 为等腰三角形，腰长为 l，其顶角为 β，则所对边长 a 为：

$$a = 2l\sin\frac{\beta}{2} \tag{10-1}$$

设 l 为定长，按指向角 β 能求出相应的 a 边长度。

下井实地标设前，根据指向角 β，按一定的 l 算出 a 值。例如：令 $l = 2\mathrm{m}$，当 $\beta = 77°$ 时，则 $a = 2.490\mathrm{m}$。

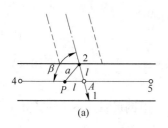

(a)

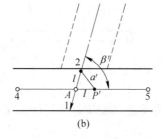

(b)

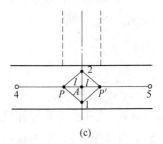

(c)

图 10-2 其他方法标定开切点

实地标设时，沿 A-4 方向量 l 长得 P 点，再从 A 点和 P 点以 l 和 a 的长度用线交会法交出 2 点，并在 2-A 延长线上标出 1 点，1、A、2 三点的连线方向即为开切的方向。

当指向角大于 90°时，如图 10-2（b）所示，一般用指向角的补角 β' 计算其对应的长度 a'。标定方法同上。

当指向角 $\beta = 90°$ 时，如图 10-2（c）所示，可在 A-4 与 A-5 方向线上以等长距离 l 定出 P、P′点。再以此两点为圆心，以等长的半径用线交会法交出 1 和 2 点。1、A、2 三点应在同一直线上，其所指方向即为开切的方向。

在主要大巷开掘时一般采用经纬仪法，次要巷道可用卷尺法和罗盘法。但在金属支架的巷道中应避免用罗盘法。有些矿井在主要巷道开掘时也采用卷尺法和罗盘法，等掘进 5~6m 后再用经纬仪标定。在巷道开掘的 5~6m 范围内，采用罗盘法或卷尺法，只要认真操作，是可以满足施工精度要求的。

10.2.2　直线巷道中线的标定

巷道开掘之后，最初标设的中线点一般容易被放炮等其他原因所破坏或变位。当新开直线巷道掘进了 5~8m 以后，应重新精确标定出一组中线点。一般用经纬仪、钢尺等工具进行，标定步骤如下：

（1）标定前的检核。首先检查开切点 A 是否还保存或是否变位，标定或检查时要在 4 点重新安置仪器和丈量距离。然后与原标定角值和边长进行比较，如果不符值超过容许范围，则说明原标定的点有变动或原标定点有误，应重新按原标定数据进行标定。

（2）用解析法确定标定数据。

1）标定前，应熟悉设计图纸、检查实践内容、核对设计数据。当确认无误后，即可根据原有巷道内的邻近导线点以及标定巷道的中线点坐标，计算标定数据。根据设计巷道中线的坐标方位角 α_{AB}（或点的坐标）与原巷道中 4—5 边的坐标方位角 α_{45}（或坐标），计算出水平夹角 β，如图 10-3 所示。标定数据按下式计算：

$$\alpha_{A4} = \arctan \frac{y_4 - y_A}{x_4 - x_A}$$

$$\alpha_{AB} = \arctan \frac{y_B - y_A}{x_B - x_A}$$

于是　　　　　　　　　　　　$\beta_A = \alpha_{AB} - \alpha_{A4}$ 　　　　　　　　　（10-2）

2）根据设计巷道的起点坐标 x_A、y_A 与 4、5 点的坐标，用坐标反算公式分别计算出边长 S_{4A}、S_{AB}。即

$$S_{4A} = \sqrt{(x_A - x_4)^2 + (y_A - y_4)^2}$$ 　　　　　　　　（10-3）

$$S_{AB} = \sqrt{(x_B - x_A)^2 + (y_B - y_A)^2}$$ 　　　　　　　　（10-4）

（3）现场标定：

1）在 4 点安置经纬仪，瞄准 5 点，使望远镜置于水平位置，用钢尺量出 S_{4A}，定出 A 点，并丈量 S_{AB}，作为检核。

2）在 A 点安置经纬仪，用正、倒镜给出 β 角。这时由于测量误差影响，正镜给出的 2′点和倒镜给出的 2″点往往不重合。取 2′和 2″连线的中点 2 作为中线点，如图 10-3

所示。

3）用测回法重新检测 β 角，以避免发生错误。

4）瞄准 2 点，在 A-2 方向上设一点 1，得到 A、1、2 三点，即一组中线点，以此作为巷道掘进方向。

5）用测绳连接 A、1、2 三点，用油漆或灰浆在顶板上画出中线。

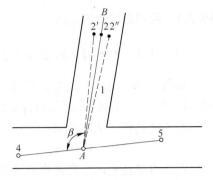

图 10-3 巷道中线的标定

10.2.3 巷道中线的延长与使用

在巷道掘进过程中，巷道每掘进 30～40m，就要设一组中线点。为了保证巷道的掘进质量，测量人员应不断把中线向掘进工作面延长。目前，在巷道掘进过程中，通常采用瞄线法和拉线法延长中线。

（1）瞄线法。如图 10-4 所示，在中线点 1、2、3 上挂垂球线，一人站在垂球线 1 的后面，用矿灯照亮三根垂球线，并在中线延长线上设置新的中线点 4，系上垂球，沿 1、2、3、4 方向用眼睛瞄视，反复检查，使四根垂球线重合，即可定出 4 点。

施工人员需要知道中线在掘进工作面上的具体位置时，可以在工作面上移动矿灯（见图 10-4），用眼睛瞄视，当四根垂球线重合时矿灯的位置就是中线在掘进工作面上的位置。

（2）拉线法。如图 10-5 所示，将测绳的一端系于 1 点上，另一端拉向工作面，使测绳与 2、3 点的线垂球线相切；沿此方向在顶板上设置新的中线点 4，只要使其垂球线也与测绳相切即可。这时测绳一端在工作面的位置即为巷道中线位置。

图 10-4 瞄线法延长中线

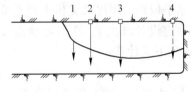

图 10-5 拉线法延长中线

10.3 巷道腰线的标定

巷道的坡度和倾角是用腰线来控制的。标定巷道腰线的测点称为腰线点，腰线点成组设置，每三个为一组，点间距不得少于 2m。腰线点离掘进工作面的距离不得超过 30～40m，标定在巷道的一帮或两帮上，若干个腰线点连成的直线即为巷道的坡度线，又称腰线，用于指示掘进巷道在竖直面内的方向。

根据巷道的性质和用途不同，腰线的标定可采用不同的仪器和方法。次要巷道一般用半圆仪标定腰线；倾角小于 8° 的主要巷道，用水准仪或连通管标定腰线；倾角大于 8° 的主要巷道则用经纬仪标定腰线。对于新开巷道，开口子时可以用半圆仪标定腰线，但巷道掘进 4～8m 后，应按上述要求用相应的仪器重新标定。

10.3.1 用半圆仪标定腰线

10.3.1.1 用半圆仪标定倾斜巷道的腰线

如图 10-6 所示，1 点为新开斜巷的起点，称为坡点。1 点的高程 H_1 由设计给出，H_A 为已知点 A 的高程，从图可知

$$H_A - H_i = h_{Aa} \qquad (10\text{-}5)$$

在 A 点悬挂垂球，自 A 点向下量 h_{Aa}，得到 a 点，过 a 点拉一条水平线 11′，使 1 点位于新开巷道的一帮上，挂上半圆仪，此时半圆仪上读数应为 0°。将 1 点固定在巷道帮上，在 1 点系上测绳，沿巷道同侧拉向掘进方向，

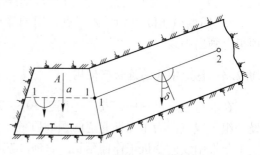

图 10-6   半圆仪标定倾斜巷道腰线

在帮上选定一点 2，拉直测绳，悬挂半圆仪，上下移动测绳，使半圆仪的读数等于巷道的设计倾角 δ，此时固定 2 点，连接 1、2 点，用灰浆或油漆在巷道帮上画出腰线。

10.3.1.2 用半圆仪标定水平巷道的腰线

在倾角小于 8° 的次要巷道中，可以用半圆仪标定腰线，如图 10-7 所示。1 点为已有腰线点，2 点为将要标定的腰线点。首先将测绳的一端系于 1 点上，靠近巷道同一帮壁拉直测绳，悬挂半圆仪，另一端上下移动，当半圆仪读数为 0° 时得 2′ 点。此时，1—2′ 间测绳处于水平位置。用皮尺丈量 1 点至 2′ 点的平距 $S_{12'}$，再根据巷道设计坡度 i，算出腰线点 2 与 2′ 点的高差 Δh。Δh 用下式计算：

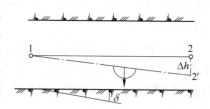

图 10-7   半圆仪标定水平巷道腰线

$$\Delta h = i \cdot S_{12'} \qquad (10\text{-}6)$$

求得 Δh 之后，用小钢卷尺由 2′ 点垂直向上量取 Δh 值，便得到腰线点 2 的位置。连接 1、2 两点，用灰浆或油漆在巷道帮壁上画出腰线。应当指出的是，如果巷道的坡度为负值，则应由 2′ 点垂直向下量取 Δh 值。

10.3.2 用水准仪标定腰线

倾角小于 8° 的主要巷道，一般用水准仪标定腰线。水准仪的作用是给出一条水平视线。

在图 10-8 中，设 A 为已有腰线点，巷道设计坡度为 i，要求标定出巷道同一帮壁上的腰线点 B。标定步骤如下：

（1）将水准仪安置在 A、B 之间的适当位置，后视 A 处巷道帮壁，画一水平记号 A'。并量取 $A'A$ 的铅垂距离 a。

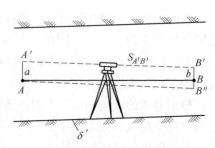

图 10-8   水准仪标定巷道腰线

（2）前视 B 处巷道，在帮壁画一水平记号 B'。这时，$A'B'$ 为水平线，用尺子量出 $A'B'$ 的水平距离。按下式计算 A、B 两点间的高差：

$$\Delta h_{AB} = iS_{A'B'} \tag{10-7}$$

（3）从 B' 铅直向下量 a 值，得到一条与 $A'B'$ 平行的水平线 AB''，如图 10-8 所示。然后从 B'' 向上量出 Δh_{AB}，得到新设腰线点 B。A 和 B 的连线即为腰线，并用油漆或灰浆画出。

另外，可按 $b = a - \Delta h_{AB}$ 计算出 b 值，从 B' 点向下量出 b 值，得到新设腰线点 B。

在第（3）步骤中，若坡度 i 为负值，则应从 B'' 点向下量出 Δh_{AB}。

用水准仪给腰线虽然很简单，但容易出错误。放线时，特别注意前、后视点上应该向上量或向下量的值是多少。

10.3.3 利用经纬仪标定腰线

在主要倾斜巷道中，通常采用经纬仪标定腰线，其方法较多，本节只介绍三种。

10.3.3.1 利用中线点标定腰线

图 10-9（a）为巷道横断面图，图 10-9（b）为巷道纵断面图。标定方法如下：

（1）在中线点 1 安置仪器，量取仪器高 i。

（2）使竖盘读数为巷道的设计倾角 δ，此时的望远镜视线方向与腰线平行。然后瞄准掘进方向已标定的中线点 2、3、4 的垂球线，分别作临时记号，得到 $2'$、$3'$、$4'$。倒镜再测一次倾角 δ 作为检查，如图 10-9（b）所示。

（3）由下式计算 K 值：

$$K = H_1 - (H'_1 + h) - i \tag{10-8}$$

式中 H_1——1 点的高程；

    H'_1——1 点处轨面设计高程；

    i——仪器高；

    h——轨面到腰线点的铅垂距离。

（4）由中线点上的记号 $2'$、$3'$、$4'$ 分别向下量取 K 值，得到的 $2''$、$3''$、$4''$ 即为所求的腰线点。

（5）用半圆仪分别从腰线点拉一条垂直中线的水平线到两帮上，如图 10-9 所示。

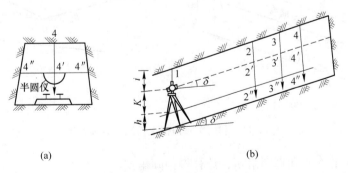

(a)   (b)

图 10-9 利用中线点标定腰线

（6）用测绳连接帮壁上的 2″、3″、4″点，并用石灰浆或油漆沿测绳画出腰线。

10.3.3.2　用伪倾角标定腰线

从图 10-10 可知，如果 AB 为倾斜巷道中线方向，巷道的真倾角为 δ，BC 垂直于 AB，C 点在巷道左帮上，与 B 点同高，那么，水平距离 AC' 大于 AB'，则 AC 的倾角 δ'（巷道伪倾角）小于 AB 倾角 δ。δ' 可用下式计算：

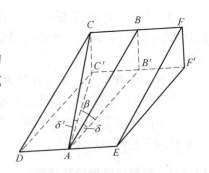

$$AC'\tan\delta' = AB'\tan\delta$$

$$\tan\delta' = \frac{AB'}{AC'} = \tan\delta$$

$$\cos\beta = \frac{AB'}{AC'}$$

图 10-10　利用伪倾角标定腰线

$$\tan\delta' = \cos\beta\tan\delta \tag{10-9}$$

式中　β——AB 与 AC 的水平夹角，该角用经纬仪测得；

　　　　δ——设计巷道的真倾角。

为了方便使用，将水平角、真倾角、伪倾角三者之间的关系编制成表。标定时，以水平角 β 为引数，从表中直接查得伪倾角 δ'，也可用计算的方法快速求得。

图 10-11（a）为巷道纵断面图，图 10-11（b）为巷道平面图。用伪倾角标定腰线的方法如下：

（1）在 B 点下安置仪器，测出 B 至中线点 A 及原腰线点 1 之间的水平夹角 β_1〔见图 10-11（b）〕。

（2）根据水平角 β_1 和真倾角 δ_1，按式（10-11）计算伪倾角 δ_1'。

（3）瞄准 1 点，固定水平度盘，上下移动望远镜，使度盘读数为 δ_1'，在巷道帮上作记号 1′，用小钢卷尺量出 1′到腰线点 1 的铅垂距离 K，如图 10-11（a）所示。

（4）转动照准部，瞄准新设的中线点 C，然后松开照准部瞄准在巷道帮拟设置腰线点处，测出 β_2 角，如图 10-11（b）所示。

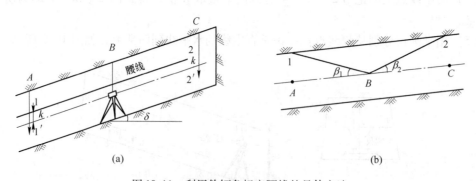

图 10-11　利用伪倾角标定腰线的具体方法

（5）根据水平角 β_2 和真倾角 δ_2，计算得伪倾角 δ_2'。

（6）望远镜照准拟设腰线处，并使度盘读数为 δ_2'，在巷道帮上作记号 2′，用小钢卷尺从 2′向上量出距离 K，即得到新标定的腰线点 2。

（7）用测绳连接 1、2 两点，用灰浆或油漆沿测绳画出腰线。

10.3.3.3 靠近巷道一帮标定腰线

将经纬仪安置在靠近巷道一帮处标定腰线时，其伪倾角 δ' 与巷道的真倾角 δ 相差很小，可以直接用真倾角标定巷道腰线。图 10-12（a）为标定时的巷道横断面图，图 10-12（b）为标定时的巷道纵断面图。标定方法如下：

（1）将仪器安置在已设腰线点 1、2、3 的后面，并靠近巷道一帮（见图 10-12）。

（2）使竖盘读数为巷道的设计倾角 δ，然后瞄准 1、2、3 点上方，作标记 1′、2′、3′；同时，沿视线方向在掘进工作面附近巷道帮上标定 4′、5′、6′点。

（3）用小钢卷尺分别向下量出 1′、2′、3′点到 1、2、3 点的铅垂距离 K，如图 10-12（b）所示。

（4）用小钢卷尺分别从 4′、5′、6′点向下量出铅垂距离 K，即得 4、5、6 腰线点。

（5）以测绳连接两组腰线点，用灰浆或油漆沿测绳画出腰线。

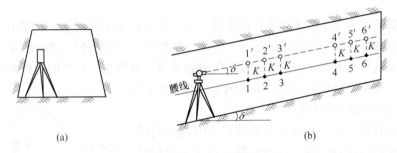

(a)   (b)

图 10-12 靠近巷道一帮标定腰线

10.3.4 平巷和斜巷连接处腰线的标定

如图 10-13 所示，平巷和斜巷连接处是巷道坡度变化的地方，腰线到这里要改变坡度。巷道底板在竖直面上的转折点 A 称为巷道变坡点。它的坐标或它与其他巷道的相互位置关系是由设计给定的。

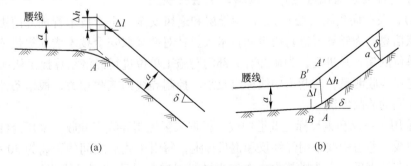

(a)   (b)

图 10-13 平巷和斜巷连接处腰线的标定

在图 10-13 中，设平巷腰线到轨面（或底板）的距离为 a，斜巷腰线到轨面（或底板）的法线距离也保持 a ，那么，在变坡点处，平巷腰线点必须抬高 Δh ，才能得到斜巷腰线起坡点，或者自变坡点处向前 ［见图 10-13 （a）］或向后 ［见图 10-13 （b）］量取距离 Δl ，得到斜巷腰线起坡点，由此标定出斜巷腰线。 Δh 和 Δl 值按下式计算：

$$\Delta h = \frac{a}{\cos\delta} - a = a(\sec\delta - 1) \tag{10-10}$$

$$\Delta l = \Delta h \cot\delta \tag{10-11}$$

例如 $a = 1.0\text{m}$ ， $\delta = 30°$ ，则 $\Delta h = 0.154\text{m}$ ， $\Delta l = 0.268\text{m}$ 。

标定时，测量人员首先应在平巷的中线点上标定出 A 点的位置，然后在 A 点垂直于巷道中线的两帮上标出平巷腰线点，再从平巷腰线点向上量取 Δh （也可向前或向后量取 Δl ），得到斜巷腰线起点位置。

斜巷掘进的最初 10m ，可以用半圆仪在帮上按 δ 角画出腰线，主要巷道掘进到 10m 之后，就要用经纬仪从斜巷腰线起点开始，重新给出斜巷腰线。

10.4　巷道验收测量

巷道掘进施工是生产矿井永恒的主题，为了保证矿井生产的正常接替必须超前进行开拓巷道、准备巷道、回采巷道的掘进。巷道施工的施工质量直接影响矿井的通风、运输和安全，定期进行巷道施工质量和进度验收测量是保证巷道施工质量的有效措施。

巷道验收测量包括巷道进尺验收测量、巷道水平截面、纵断面和横断面验收测量。

日常的断面测量是测量人员在标设中腰线的同时，丈量从中线到两帮的距离，腰线到巷道顶底板的距离，统称为量上、量下、量左、量右，如图 10-14 所示。检查验收结果，以口头形式，必要时用书面形式通知掘进单位相关人员。

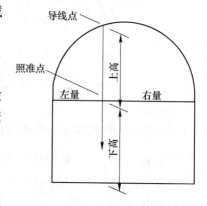

图 10-14　巷道日常验收

10.4.1　巷道进尺验收测量

巷道进尺验收测量主要目的，一是矿井测量人员根据收集的井下各类巷道掘进进尺的资料，填绘交换图（日常用图），及时向集团（公司）、矿领导层和通风安全、生产技术管理部门提供矿井巷道掘进现状信息，为领导层进行决策和技术人员针对性采取安全技术措施提供依据；二是考核施工单位的旬、月进度，为矿井有关部门与施工单位进行经济结算提供依据。

巷道进尺验收测量，与巷道中线标定及采区控制导线的施测相关，根据条件和情况不同可采用不同的验收方法。

（1）采用经纬仪和钢尺标定巷道中线，根据采区控制导线点验收。采用经纬仪和钢尺标定巷道中线，巷道中线采用经纬仪和钢尺标定，每组中线点之间的距离为 30 ~ 40m ，每组中线点标定结束后，应选择其中一个作为导线点进行采取控制导线测量，经内业计算，计算出新标定一组中线的方位角，作为下一组中线标定要素的计算依据。

采用经纬仪和钢尺标定巷道中线，每旬、每月进行巷道进尺验收时导线点距掘进工作面的距离不会超过40m，验收时用手持式测距仪、钢尺或皮尺，由距工作面最近的导线点沿中线方向直接丈量至工作面，导线点后的巷道长度与丈量的结果相加，即为该巷道截止验收之日掘进总进尺，巷道总进尺减去前一次验收日期的总进尺，即可得到本旬或本月的巷道掘进进尺。

（2）采用激光指向仪指示巷道中线，根据基本控制导线点验收。采用激光指向仪指示巷道中线，激光指向仪光束的射程一般为600m左右。激光指向仪的移动安置，应以15″级采区控制导线（或基本控制导线）为依据。由于导线点距掘进工作面较远，用尺子（钢尺、皮尺）丈量巷道进尺，一是不能严格沿中线方向丈量；二是多尺丈量容易出错可靠性差。这种情况应采用光电测距仪（全站仪）进行巷道进尺验收。采用光电测距仪（全站仪）进行巷道进尺验收测量时，先将光电测距仪安置在安装激光指向仪时的导线点下，将反射棱镜紧靠工作面沿中线方向安置，测出仪器至工作面的距离。用测得的距离加上导线点后巷道的进尺长度得到巷道的当前总进尺，当前总进尺减去前一验收期巷道总进尺，即为本期的巷道进尺。

10.4.2 巷道水平截面验收测量

巷道水平截面验收测量包括一般巷道水平截面验收测量和大型硐室断面验收测量。

10.4.2.1 一般巷道水平截面验收测量

巷道水平截面验收测量，可采用支距法和全站仪法。

（1）支距法测量。支距法应以导线点作为控制，如图10-15所示，以导线边为基准线每隔10~20m一个点（特殊位置可加点）量取巷道特征点至导线边的垂距 b，并量出其垂足至测点的距离 a，然后绘制草图。

（2）全站仪测量。全站仪法是将全站仪安置在导线点，后视另一相邻导线点，在数据采

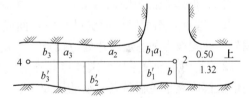

图 10-15 巷道断面测量

集模式下，将棱镜立于巷道的特征点测量其坐标，然后将全站仪的采集数据传输至计算机巷道水平截面数据库，利用 Auto CAD 或 Map GIS 作图软件绘图。

10.4.2.2 大型硐室断面验收测量

井下大型硐室包括井下中央变电所、中央水泵房、机车维修硐室、火药库等。大型硐室断面验收测量，传统方法采用极坐标法，目前多采用全站仪测量。

（1）极坐标法如图10-16所示，导线测至硐室，在导线点上用仪器测出测点至各特征点方向线与导线边之间的夹角，并丈量出仪器至特征点的水平距离，同时绘出草图，根据所测数据展绘矿图。

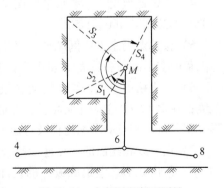

图 10-16 大型硐室断面测量

（2）全站仪测量。全站仪法测量大型硐室是将全站仪安置在硐室外的导线点，后视另一相邻导线点，向硐室内测量一个临时导线点。接着，在新测量的导线点上安置全站仪，后视硐室外的导线点，在数据采集模式下，将棱镜立于硐室的特征点测量其坐标。然后，将全站仪的数据传输至计算机巷道水平截面数据库，利用 Auto CAD 或 Map GIS 作图软件成图。

10.4.3　巷道纵断面验收测量

巷道纵断面验收测量的目的，一是为了检查巷道的质量；二是检查巷道全高是否满足大型设备运输和通风需要；三是检查运输线路坡度的正确性。巷道纵断面验收测量包括巷道全高纵断面测量和巷道轨面纵断面测量。

（1）巷道全高纵断面测量：

1）如图 10-17 所示，从巷道口开始沿中线方向根据作图比例尺不同，每 10～20m 选择一个点（在巷道顶板高度变化处可增加点）。

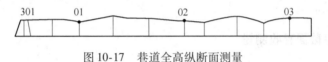

图 10-17　巷道全高纵断面测量

2）用钢尺丈量各点与其相邻导线点的距离。

3）丈量各点位巷道的全高。

4）按规定的比例尺绘制巷道全高纵断面图。水平与垂直比例尺的关系可为 10:1。

（2）巷道轨面纵断面测量：

1）选点。用钢尺（或皮尺）沿轨面或巷道底板每隔 10～20m 标记一个临时点并统一编号，在变坡点和巷道转弯处应设点，丈量时应尽量使尺子水平。

2）使用水准仪采用两次仪器高法测量转点间的高差，符合要求后，利用第二次仪器高依次读取立于各临时点上水准尺的读数，并作相应的记录。

（3）巷道纵断面验收内业：

1）将水准路线进行平差，计算出各转点的高程。

2）根据后视点的高程和第二次仪器高的后视读数，计算本站的视线高程。

3）视线高程减去各中间点的前视读数，计算出各中间点的高程。

4）设定比例尺。一般水平比例尺为 1:2000、1:1000、1:500，相应的垂直比例尺分别一般为 1:200、1:100、1:50。

5）按选定的水平比例尺画一表格，在表中注明测点编号、点间水平距离、测点的设计高程的实际高程和轨面（或巷道底板）的实际坡度。

6）在表格的上方，绘制轨面（或巷道底板）的纵断面图。绘制步骤为：绘出假定水平线；在水平线的左端注明高程；在假定的水平线上，按水平比例尺绘出各测点的水平投影位置，再按测点的实测高程及选定的垂直比例尺，在竖直面上绘出各测点的位置。

7）用直线将绘出的各点连接起来，即得到实测的轨面（巷道底板）的纵断面线。

8）绘出轨面（巷道底板）的设计坡度线以及与该巷道相交的其他巷道的位置。

9）在表格下方绘出该巷道的平面图，并展绘永久导线点和水准点的位置。

图 10-18 为某矿轨道运输大巷的纵断面图。其水平比例尺为 1:100，垂直比例尺为 1:100。

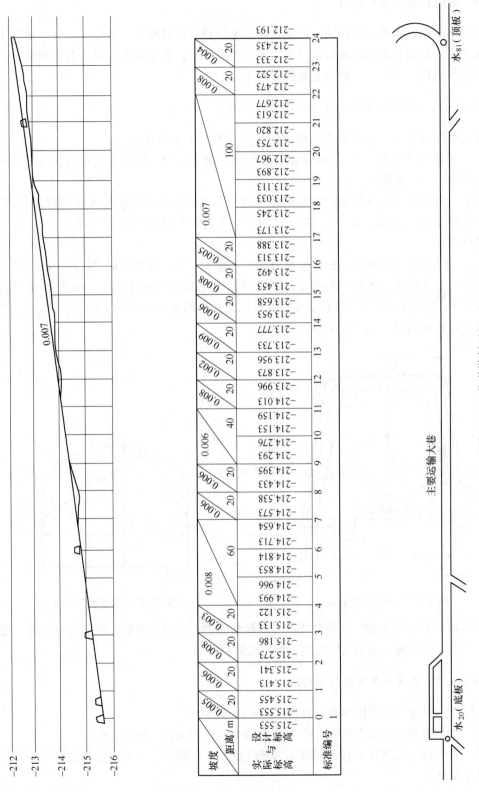

图 10-18 巷道纵断面

10.4.4　巷道横断面验收测量

巷道横断面验收测量的目的，是检查巷道是否符合设计要求，满足行人和运输的安全及通风需要，检查巷道毛断面是否过大增加掘进工作量，造成维护困难。巷道横断面验收测量可采用钢尺、全站仪、激光断面仪等方法。

10.4.4.1　钢尺（皮尺）巷道横断面验收测量

采用钢尺（皮尺）进行巷道横断面验收测量的工作步骤如下：

（1）沿巷道中线每隔 5~10m 标记一临时点，统一编号，同时丈量各点相对于巷道起点或某导线点的水平距离。

（2）对于如图 10-19 所示的梯形断面巷道，应丈量巷道的毛断面高 H' 和净断面高 H，断面上下净宽 D_1、D_3 和毛宽 D_1'、D_3'，丈量矿车上边缘巷道的净宽 D_2 和毛宽 D_2'，矿车距棚腿的间隙 1。

（3）对于如图 10-20 所示的拱形断面巷道，除了丈量中线到两帮的距离，腰线到顶底板的高度以及至拱墙交接处的距离外，还应用距离交会法检查其拱形。如图 10-20 所示，在腰线点 1、2 拉线绳，先丈量到定底板及拱墙交接处的距离，即图中的上、下、d。然后丈量各拱形轮廓点到 1、2 点的距离。

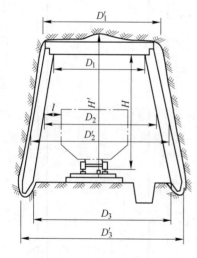

图 10-19　梯形断面验收

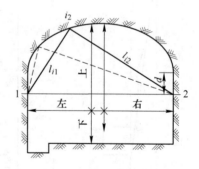

图 10-20　拱形断面验收

（4）根据井下采集的数据绘制巷道实测横断面图，与设计数据和断面进行比较，如果偏差大于允许的范围，应书面通知施工单位采取措施。

10.4.4.2　全站仪巷道横断面验收

采用全站仪进行巷道横断面验收测量的工作步骤如下：

（1）根据巷道的用途和性质，沿中线每隔 5~10m 标记一个临时点。

（2）在导线点安置全站仪，后视相邻导线点。在仪器的主菜单下选择数据采集三维坐标测量子菜单。

（3）在每个临时点设立垂直于中线方向的巷道断面特征点或断面变化处置镜，进行测量可得到每个断面测量点的三维坐标。如果是棱镜，则应记录棱镜与断面点间的距离常数；如果是反射镜片，则需要梯子将镜片粘贴在所选择的断面点上。因此，最好用无棱镜全站仪，进行横断面验收测量。

（4）出井后，将全站仪采集的数据传输到计算机，利用绘图软件作图。

（5）将巷道实测断面与设计断面进行比较，发现掘进偏差大于规范要求的部位，书面通知施工和有关单位采取措施进行整改。

10.4.4.3 激光断面仪巷道横断面验收测量

传统的手拉皮尺人工测量方式存在精度低、劳动强度高等缺点。所谓精度低，是指人工拉尺，因为拉尺过程自然形成误差，另外选点不准确或选点不足也会导致测绘误差加大。所谓劳动强度大，是指人工测量方式由于有些硐室较大，往往需要借助梯子、竹竿等工具来测点，花费时间较长。如果在同一水准基点上环向测 10 个点，人工方式约需 1 ~ 2h。激光断面测量仪具有精度高、效率高、劳动强度低的特点，是运用现代科技成果改造传统测量方法的实例。

（1）激光断面测量的原理。传统的人工断面测量的方式是在已定的隧道中心线和水平高程的某个基点上，用手拉皮尺的方式确定基点与断面的若干点的距离，再通过连线与计算绘出断面图。激光断面测量仪所依据的原理和测绘方式和原来基本一致，只是确定基点与断面若干点距离的方式改用激光测距来完成，计算和绘图可通过计算机软件来完成。

（2）激光断面仪简介。目前用于大断面测量的激光断面仪类型、型号较多。下面仅介绍 BJSD-ZB 激光隧道断面仪，如图 10-21 所示。

仪器用途：主要用于对隧道（巷道）断面的快速精确检测，特别在施工监测、竣工验收、质量控制等工作中能快速获得隧道断面数据。并可以用于对护坡挡土墙的验收检验，也可用于对山坡地形的快速扫描并通过与路基设计图的比对，计算出土石方量。在现场无需使用笔记本计算机，即可记录至少 100 组断面数据。操作者可以在回到办公室后，输入到计算机中去，并在专门开发的软件上进行数据处理、绘图及报告等操作。快速打印检测报告，从而可以立刻显示数据和图形，方便指导施工。

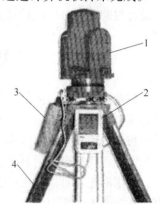

图 10-21 激光隧道断面仪
1—主机；2—控制器；
3—外接电源盒；4—三脚架

主要技术指标：检测半径为 0.2 ~ 60m；自动检测约为 2 ~ 3min 一个断面；一次充电 12h 可连续使用 6h；检测精度为 ±1mm；自动、定点检测时方位角范围为 60° ~ 300°或 30° ~ 330°；手动测头时方位角转动范围为 30° ~ 330°。

特点：具有垂直向下激光自动定心、测量标高功能；每次记录断面数不少于 100 个（60 个点一组测量断面）。使用温度范围为：- 10 ~ + 45℃；湿度不大于 85%；粉尘程度：基本清洁条件下使用、粉尘烟雾及水雾条件下也可使用，但需随时清洁。

仪器的组成：如图 10-21 所示，BJSD-ZB 激光隧道断面仪由主机、测量控制器、三脚架、软件和外接电源盒等部分组成。

（3）测量方式：1）手动检测方法：在手动检测方式中，可由操作者控制移动检测指示光斑随意进行测量和记录。2）定点检测法：可设置起止角度及测量点数等参数，仪器将按照所定参数自动测量并记录。3）自动测量法：仪器依照内部设定的间隔，自动检测并记录数据。

10.4.4.4　激光断面验收测量步骤

（1）测定工作基点。从巷道起点的经纬仪导线点（也为高程点）为依据采用三维坐标测量的方法，确定的硐室中线和水平基点为工作基点，如有必要还可根据断面测量的精度要求增设基准点，增设的基点在原设基点之间。

（2）安置断面仪。在靠近基准点的地方架设三脚架、安置断面仪，使断面仪处于水平状态，并将断面仪测距头向下，用激光点对准基准点，测距头。点与基准点最好确定一固定的整数，也可设为常数，如1m、1.1m、1.2m等。为确保测距头旋转环向线与水平线处于垂直状态，可在基准点引横向垂线，设左右任意两点，用激光点重合即可。

（3）断面测距。断面仪安好后根据需要设若干点，或按度数定位若干点，如每45°为一个点，360°可分为8个点。用旋钮旋转断面仪，转到相应度数时用卡紧螺栓固定，然后启动操作，进行测量，直至该基准点环向断面各点测量完毕。

（4）移机。按上述方法进行下一个基准点的测量。

（5）将测量所记录的数据输入电脑。使用配套软件进行计算处理得出所测断面体轮廓图等成果；将实测轮廓图与设计开挖断面对比可计算出超欠挖状况及数量；将实测轮廓图与设计衬砌断面对比可计算出实际应浇注混凝土立方量。

10.5　激光指向仪及其应用

在巷道掘进中，测量工作和掘进作业之间存在的时间和空间上的矛盾越来越突出，标定巷道中腰线的传统方法已不能满足施工需要。随着光电子技术的迅速发展，目前激光技术已被广泛用于矿山建设和生产中。

激光不仅有较高的亮度，而且具有良好的方向性和单色性。在井下巷道掘进的过程中，利用激光器可以发出一条可见的红色或绿色光束，有效射程300～500m或更远。激光束射在掘进工作面上，为一圆形光斑，光斑直径与射程有关。当射程为300m时，光斑直径约为3cm，如果将这种激光器组装成激光指向仪，悬挂在距掘进工作面约70m处的巷道顶板上，用经纬仪和水准仪控制光束的方向与坡度，那么，它就成了较为理想的指示中腰线的仪器。在井下条件允许的情况下，激光指向仪给定平巷、斜巷的中腰线，有的矿为了方便工人使用，还在仪器中增加了自动控制设备，掘进人员到达工作面时，开启激光指向仪，到达工作面后，检查中腰线方向，并根据光斑位置布设炮眼，然后，仪器自动断电关闭，使用十分方便。有些大型掘进机械还应用激光技术作为自动方向制导控制。

10.5.1　激光指向仪的构造简介

激光指向仪能够发出一束调制红光或绿色可见光，用来指示巷道的掘进方向，具有占用巷道时间短、效率高、巷道中、腰线同时给定、中腰线方向直观便于使用等优点。矿用激光指向仪一般由防爆壳体、激光器、聚焦系统、调节机构四部分组成，如图 10-22 所示。

图 10-22　激光指向仪
1—连接板、杆；2—连接装置；
3—粗调螺旋；4—调焦螺旋；
5—喇叭口；6—电源线；7—精调螺旋

10.5.2　激光指向仪的安装、使用和维护

（1）在距掘进工作面约 70m 处，选择安装仪器的位置。

（2）用经纬仪给出巷道中线。中线点不得少于 3 个，点间距不少于 30m，调节仪器，使激光束通过中线。

（3）用水准仪在中线的垂线上给出腰线，并作记号，腰线点不得少于 3 个，点间距不少于 30m。调节仪器，使激光束平行于巷道腰线。

反复校核激光束给出的巷道中线和腰线，如图 10-23 所示直至符合规范要求为止。

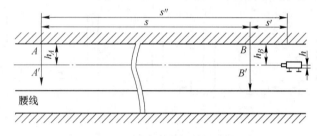

图 10-23　巷道中线和腰线的校核

激光指向仪在使用过程中，为了防止仪器碰动而影响中线、腰线位置，应经常检查激光束的方向和坡度，并根据检查情况随时调整。

 ## 习　题

10-1　什么是巷道中线？标定巷道中线前应该做哪些准备工作？

10-2　延长巷道中线有哪几种方法？

10-3　在平巷中给定腰线有哪几种方法？

10-4　在斜巷中用经纬仪标设腰线点有哪几种方法？各有什么优缺点？

10-5　试述巷道验收测量的重要性。

10-6　巷道验收测量包括哪些内容？

10-7　简述巷道轨面纵断面验收测量的方法步骤。

10-8　与传统方法比较，采用激光断面仪进行巷道横断面验收，有哪些优点？

11 贯 通 测 量

11.1 贯通测量概述

11.1.1 井巷贯通与贯通测量

一条巷道按设计要求掘进到指定的地点与另一条巷道相通，称为巷道贯通，简称贯通。巷道贯通往往是一条巷道在不同的地点以两个或两个以上的工作面按设计分段掘进，而后彼此相通。如果两个工作面掘进方向相对，称为相向贯通，如图 11-1（a）所示；如果两个工作面掘进方向相同，称为同向贯通，如图 11-1（b）所示；如果从巷道的一端向另一端指定处掘进，称为单向贯通，如图 11-1（c）所示。

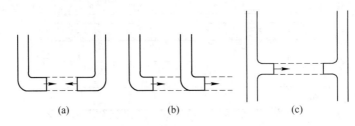

(a)   (b)   (c)

图 11-1　贯通工程的类型

同一巷道内用多个工作面掘进，可以大大加快施工速度，改善通风状况和工人的劳动条件，有利于安排生产。它是矿山、交通、水利等工程中普遍采用的一种施工方法。

贯通测量是一项十分重要的测量工作，必须严格按照设计要求进行。井巷贯通时，矿山技术人员的任务是保证各掘进工作面沿着设计的方向掘进，使贯通后接合处的偏差不超过工程规定的限度。否则就会给采矿工程带来不利的影响，甚至造成很大的损失。因此要求矿山测量人员必须以科学的态度，一丝不苟、严肃认真地做好此项工作，以保证贯通工程的顺利完成。为了保证正确贯通而进行的测量和计算等工作就称之为贯通测量。

11.1.2 贯通的分类和容许偏差

井巷贯通一般分为一井内巷道贯通、两井之间的巷道贯通和立井贯通三种类型，如图 11-2 所示。

贯通巷道接合处的偏差值，可能发生在三个方向上：

（1）水平面内沿巷道中线方向上的长度偏差，这种偏差只对贯通在距离上有影响，而对巷道质量没有影响。

（2）水平面内垂直于巷道中线的左、右偏差 $\Delta x'$，如图 11-3 所示。

（3）竖直面内垂直于巷道腰线的上、下偏差 Δh，如图 11-4 所示。

后两种偏差 $\Delta x'$ 和 Δh 对于巷道质量有直接影响，所以又称为贯通重要方向的偏差。

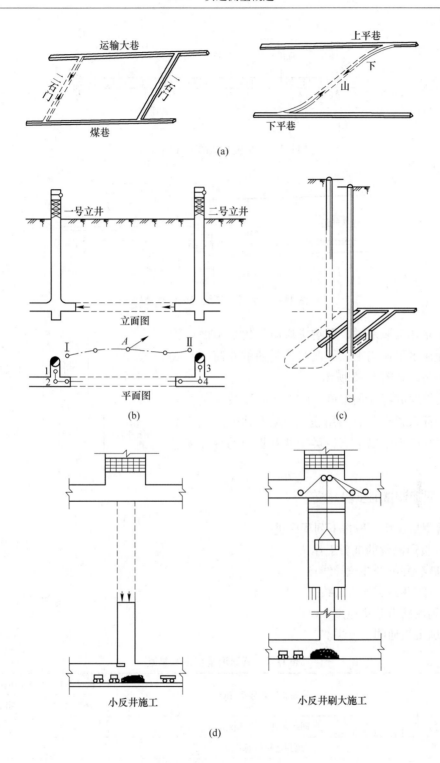

图 11-2 井巷贯通的类型

（a）井内的平巷和斜巷贯通；（b）两井间的巷道贯通；

（c）立井贯通；（d）利用小断面反井延伸立井贯通

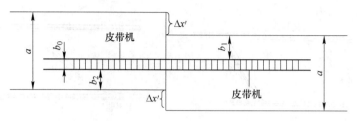

图 11-3　皮带机巷道的容许偏差 $\Delta x'$

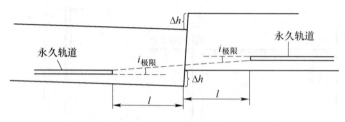

图 11-4　贯通的腰线容许偏差 Δh

对于立井贯通来说，影响贯通质量的是平面位置偏差，即在水平面内上、下两段待贯通的井筒中心线之间的偏差，如图 11-5 所示。

井巷贯通的容许偏差值，由矿（井）技术负责人和测量负责人根据井巷的用途、类型及运输方式等不同条件研究决定。以上三种类型井巷贯通的容许偏差值见表 11-1。

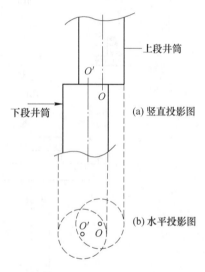

图 11-5　立井贯通偏差

11.1.3　贯通测量的步骤

贯通测量工作一般按下列程序进行：

（1）贯通测量的准备工作：

1）展绘井下经纬仪导线点。

2）确定巷道贯通中心线。

3）确定巷道开切地点。

4）确定贯通测量方案。

表 11-1　贯通测量容许偏差值

贯通种类	贯通巷道名称及特点		在贯通面上的容许偏差值/m	
			两中线之间	两腰线之间
第（1）类	同一矿井内贯通巷道		0.3	0.2
第（2）类	两井之间贯通巷道		0.5	0.2
第（3）类	立井贯通	先用小断面开凿，贯通之后再刷大至设计全断面	0.5	—
		用全断面开凿并同时砌筑永久井壁	0.1	—
		全断面掘砌，并在破保护岩柱之前预先安装罐梁罐道	0.02 ~ 0.03	—

5）对于距离较长的重要井巷，还应进行必要的贯通测量精度的估算工作。

（2）计算贯通几何要素，主要包括：开切地点的坐标；巷道中心线的方位角 α，指向角 β，巷道的倾角 δ，水平距离 S 和倾斜距离 L。

计算贯通几何要素的方法有：

1）图解法：在贯通距离较短，或巷道贯通精度要求较低时可采用此法。即巷道的方向、坡度和斜长，由设计图或施工图上直接量取。

2）解析法：这是一种常用的方法，其实质就是测量中反算法的应用。

（3）确定相向贯通面的相遇点和贯通时间。根据巷道的掘进速度、贯通距离、施工日期等，确定相向贯通面的相遇点和贯通时间。

（4）实地标定贯通巷道的中心线和腰线。

（5）延长巷道中线和腰线。根据工程进度，及时延长巷道中线和腰线。巷道每掘进100m，必须用导线测量和高程测量的方法，对中线、腰线进行检查，及时填图。并根据测量结果及时调整中线和腰线的位置。最后一次标定贯通方向时，两个工作面间的距离，不得小于50m。各种测量和计算都必须有可靠的检核。当两个工作面间的距离在岩巷中剩下15～20m、煤巷中剩下20～30m时（快速掘进应于贯通前两天），测量负责人应以书面方式报告矿井总工程师，并通知安全检查部门及施工区队，要停止一头掘进及准备好透巷措施，以免发生安全事故。

（6）巷道贯通后，应立即测量贯通的实际偏离值，同时将两边的导线连接起来，测量与计算各项闭合差、填绘平面图和断面图，并对最后一段巷道的中线、腰线进行调整。

（7）重要贯通工程完成后，应对测量工作进行精度分析，作出技术总结。

11.2 一井内巷道贯通测量

凡是由井下一条起算边开始，能够铺设井下导线到达贯通巷道两端的，均属于一井内的巷道贯道。不论何种贯通，均需事先求算出贯通巷道中心线的坐标方位角、腰线的倾角（坡度）和贯通距离等，这些统称为贯通测量几何要素，即标定巷道中腰线所需的数据，其求解方法随巷道特点、用途及其对贯通的精度要求而异。

11.2.1 采区内次要巷道的贯通测量

一般采区内次要巷道贯通距离较短，要求精度较低，可用图解法求其贯通测量几何要素，如图 11-6 所示，巷道贯通方向，在设计图上是用贯通巷道的中心线来表示的，测量人员只要在大比例尺设计图上把巷道的设计中心线 AB 用三角板平行移到附近的纵、横坐标网格线上，然后用量角器直接量取纵坐标（x）线与巷道设计中心线之间的夹角，即可求得贯通巷道中心线的坐标方位角（图 11-6 中所示为 30°）。

贯通巷道的坡度（倾角）与斜长，可用三棱尺和量角器在剖面图上直接量取，如图 11-7 所示，贯通巷道斜长 $L = 50.8\text{m}$，倾角 $\delta = 11°20'$。

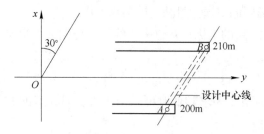 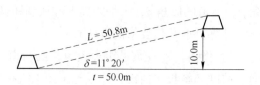

图 11-6　图解法求巷道中线坐标方位角　　　　图 11-7　图解法求巷道坡度与斜长

11. 2. 2　在两个已知点之间贯通平巷或斜巷

假设要在主巷的 A 点与副巷的 B 点之间贯通二石门，即图 11-8 中用虚线所表示的巷道，其测量和计算工作如下。

（1）根据设计，从井下某一条导线边开始，测设经纬仪导线到待贯通巷道的两端，并进行井下高程测量，然后计算出 CA、DB 两条导线边的坐标方位角 α_{CA} 和 α_{DB} 以及 A、B 两点的坐标及高程。

（2）计算标定数据：

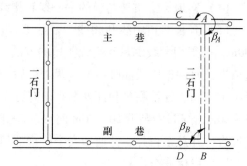

图 11-8　在主巷与副巷之间贯通二石门

1）贯通巷道中心线 AB 的坐标方位角 α_{AB} 为：

$$\alpha_{AB} = \arctan \frac{y_B - y_A}{x_B - x_A} \tag{11-1}$$

2）计算 AB 边的水平长度 l_{AB} 为：

$$l_{AB} \frac{y_B - y_A}{\sin\alpha_{AB}} = \frac{x_B - x_A}{\cos\alpha_{AB}} = \sqrt{(x_B - x_A)^2 + (y_B - y_A)^2} \tag{11-2}$$

3）计算指向角 β_A 和 β_B。由于经纬仪水平度盘的刻度均按顺时针方向增加，所以在计算 A 点和 B 点的指向角时，也要按顺时针方向计算。

$$\left.\begin{array}{l} \beta_A = \angle CBA = \alpha_{AB} - \alpha_{AC} \\ \beta_B = \angle DBA = \alpha_{BA} - \alpha_{BD} \end{array}\right\} \tag{11-3}$$

4）计算贯通巷道的坡度 i 为：

$$i = \tan\delta_{AB} = \frac{H_B - H_A}{l_{AB}} \tag{11-4}$$

式中　H_A，H_B——A 点和 B 点处巷道底板或轨面的高程。

5）计算贯通巷道的斜长（实际贯通长度）L_{AB}：

$$L_{AB} = \frac{l_{AB}}{\cos\delta_{AB}} = \frac{H_B - H_A}{\sin\delta_{AB}} = \sqrt{(H_B - H_A)^2 + l_{AB}^2} \tag{11-5}$$

上述计算可利用表 11-2 的格式进行。

表 11-2 标定数据计算表

计算者：　　　　　　　　检查者：　　　　　　　　日期：

1	y_B	78325.314	2	x_B	395157.435			
3	y_A	78284.723	4	x_A	395293.580			
5	$\Delta y = y_B - y_A$	+40.591	6	$\Delta x = x_B - x_A$	−136.145			
7	$\tan\alpha_{AB} = \dfrac{\Delta y}{\Delta x}$	0.298146	8	α_{AB}	163°23′54″			
9	$\sin\alpha_{AB}$	0.285716	10	$\cos\alpha_{AB}$	0.958314	11	$l_{AB} = \dfrac{\Delta x}{\cos\alpha_{AB}}$	142.067
12	$l_{AB} = \dfrac{\Delta y}{\sin\alpha_{AB}}$	142.067	13	$l_{AB平}$	142.067	14	α_{AC}	261°45′32″
15	α_{BD}	259°23′43″	16	$\beta_A = \alpha_{AB} - \alpha_{AC}$	261°38′22″	17	$\beta_B = \alpha_{BA} - \alpha_{BD}$	84°00′11″

由表 11-2 中的举例可以看出，当通过式 11-4 由 A、B 两点已知坐标反算坐标方位角 α_{AB} 时，要特别注意由 $\Delta x_{AB} = x_B - x_A$ 和 $\Delta y_{AB} = y_B - y_A$ 的正负号来判断$\overline{AB}$连线所在的象限，见表 11-3。

表 11-3 判断$\overline{AB}$连线所在的象限

象限	Δx 与 Δy 的正负号	α 的大小	方位角 α 与象限角 R 的关系	示　意　图
I	$\Delta x > 0$　$\Delta y > 0$	$0° < \alpha < 90°$	$\alpha = R$	
II	$\Delta x < 0$　$\Delta y > 0$	$90° < \alpha < 180°$	$\alpha = 180° - R$	
III	$\Delta x < 0$　$\Delta y < 0$	$180° < \alpha < 270°$	$\alpha = 180° + R$	
IV	$\Delta x > 0$　$\Delta y < 0$	$270° < \alpha < 360°$	$\alpha = 360° - R$	

表 11-2 中，因 $\Delta x_{AB} < 0$，$\Delta y_{AB} > 0$，所以$\overline{AB}$连线在第 II 象限，$\alpha_{AB} = 180° - R = 180° - 16°36′06″ = 163°23′54″$。

11.2.3 贯通巷道开切位置的确定

如图 11-9 所示，将在上平巷与下平巷之间贯通二号下山，该下山在下平巷中的开切地点 A 以及二号下山中心线的坐标方位角 α_{AP} 均已给出。要求在上平巷中确定开切点 P 的位置；以便在 P 点标定出二号下山的中腰线，向下掘进，进行贯通。

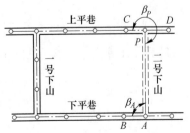

图 11-9 贯通巷道开切位置的确定

为此，需在上、下平巷之间经一号下山敷设经纬仪导线，并进行高程测量，以求得 A、B、C、D 各点的平面坐标和高程。设点时，A 点应设在二号下山的中心线上，设置 C、D 点时，应使 $\overline{CD}$ 边能与二号下山的中心线相交，其交点 P 即为欲确定的二号下山上端的开切点。这类贯通几何要素求解的关键是求出 P 点坐标和平距 l_{CP} 及 l_{DP}，而 P 点是两条直线（导线边 $\overline{CD}$ 与二号下山中心线 $\overline{AP}$）的交点，为了求得 P 点的平面坐标 x_P 及 y_P，可列出两条直线的方程式：

$$y_P - y_A = (x_P - x_A)\tan\alpha_{AP}$$

$$y_P - y_C = (x_P - x_C)\tan\alpha_{CP} = (x_P - x_C)\tan\alpha_{CD}$$

解此联立方程式，可得 P 点平面坐标；

$$\left.\begin{aligned}
x_P &= \frac{x_C\tan\alpha_{CD} - x_A\tan\alpha_{AP} - y_C + y_A}{\tan\alpha_{CD} - \tan\alpha_{AP}} \\[2mm]
y_P &= \frac{y_A\tan\alpha_{CD} - y_C\tan\alpha_{AP} + \tan\alpha_{CD}\tan\alpha_{AP}(x_C - x_A)}{\tan\alpha_{CD} - \tan\alpha_{AP}}
\end{aligned}\right\} \tag{11-6}$$

计算水平距离 l_{CP} 和 l_{AP}：

$$l_{CP} = \frac{y_P - y_C}{\sin\alpha_{CD}} = \frac{x_P - x_C}{\cos\alpha_{CD}} = \sqrt{(x_P - x_C)^2 + (y_P - y_C)^2}$$

$$l_{AP} = \frac{y_P - y_A}{\sin\alpha_{AP}} = \frac{x_P - x_A}{\cos\alpha_{AP}} = \sqrt{(x_P - x_A)^2 + (y_P - y_A)^2}$$

为了检核，可再求算 D 点到 P 点的平距 l_{DP} 并检查 $l_{CP} + l_{DP} = l_{CD}$，有了 l_{CP} 和 l_{DP} 即可在上平巷中标定出二号下山的开切点 P。

在实际工作中，代入大量数据来解联立方程式是比较繁琐的，因此，一般多采用解三角形法来计算平距 l_{CP} 和 l_{DP}。如图 11-10 所示，首先根据 A 和 C 两点的坐标反算 $\overline{AC}$ 的长度 l_{AC} 和坐标方位角 α_{AC}，再根据 $\triangle APC$ 的三条边的坐标方位角计算出三个内角 β'_A、β'_P 和 β_C 之值，最后按下式计算：

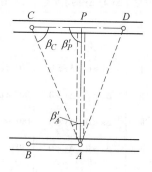

图 11-10　解三角形法
计算平距

$$l_{CP} = l_{AC}\frac{\sin\beta'_A}{\sin\beta'_P}, \quad l_{AP} = l_{AC}\frac{\sin\beta'_C}{\sin\beta'_P}$$

同理可计算出 $\triangle APD$ 中的 l_{AP} 和 l_{DP} 以作为检核。

此外，也可导出由 A、C（或 D）两点的坐标及 AP、CP（即 CD）坐标方位角直接计算 l_{AP} 和 l_{CP}（或 l_{DP}）的公式，即：

$$\left.\begin{aligned}
l_{CP} &= \frac{\sin\alpha_{AP}(x_C - x_A) - \cos\alpha_{AP}(y_C - y_A)}{\sin(\alpha_{CD} - \alpha_{AP})} \\[2mm]
l_{AP} &= \frac{\sin\alpha_{CD}(x_C - x_A) - \cos\alpha_{CD}(y_C - y_A)}{\sin(\alpha_{CD} - \alpha_{AP})}
\end{aligned}\right\} \tag{11-7}$$

最后，计算指向角 β（见图 11-9）：

$$\beta_A = \angle BAP = \alpha_{AP} - \alpha_{AB}$$

$$\beta_P = \angle CPA = \alpha_{PA} - \alpha_{DC}$$

11.3　两井间巷道贯通测量

两井间的巷道贯通，是指在巷道贯通前不能由井下的一条起算边向贯通巷道的两端铺设井下导线的贯通。为保证两井之间巷道的正确贯通，两井的测量数据必须统一，即采用同一坐标系统。所以，这类贯通的特点是两井都要进行联系测量，并在两井之间进行地面测量和井下测量，因而积累的误差一般较大，必须采用更精确的测量方法和更严格的检查措施。下面，通过两个典型例子来说明如何进行这类贯通测量工作。

11.3.1　两竖井间贯通平斜巷

如图 11-11 所示为某矿中央回风上山贯通的示意图。该矿用竖井开拓，主副井在 $-425m$ 水平开掘井底车场和主要运输巷道。风井在 $-70m$ 水平开掘总回风道。中央回风上山位于矿井的中部采用相向掘进，由 $-425m$ 水平井底车场 12 号下平巷已由一号硐岔绕道起，按一定的倾角（不沿煤层）通往 $-125m$ 的巷道。这是两井间不沿导向层的巷道贯通。必须同时标设巷道掘进的方向和坡度，以保证平面和高程上的贯通。为此需要进行以下测量工作：

（1）主、副井与风井之间的地面连测。两井间的地面连测，可以采用导线、独立三角网或在原有矿区三角网中插点等方式。该矿由于地面比较平坦，采用了导线连测，分别在主、副井和风井附近建立了近井点，并将导线附合到附近的三角点上，作为检核。在两井之间还要进行水准测量，求出近井点的高程。

（2）矿井联系测量。风井采用一井定向，由近井点 04 将方向和坐标传入井下，求出井下起始边 $I_0 - I_1$ 的方向和点的坐标。主、副井则采用两井定向，求出井下起始边 $III_{01} - III_{02}$ 的方向和点的坐标。同时通过风井和主井（或副井）进行导入高程，以求出井下水准基点的高程。上述两项工作如果在矿井建设过程中已经独立进行过两次，精度也能满足贯通工程的要求，则可以不必重测。

（3）井下导线和高程测量。从 $-425m$ 井底车场测设导线到回风上山的上山口；再从

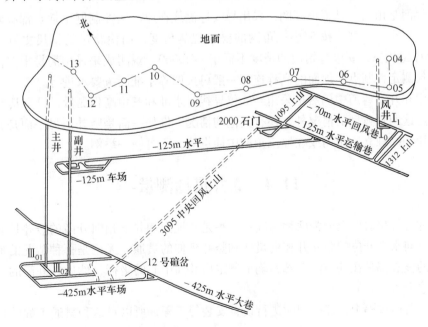

图 11-11　两井间的巷道贯通

风井井底测设导线到回风上山的下山口。铺设导线要选择线路短、条件好的巷道，部分导线也可以通过测闭合环作为检核，支导线则必须独立测两次。

高程测量在平巷采用水准测量，斜巷采用三角高程测量。分别测出上下山口的腰线点高程。

（4）根据中央回风上山的上山口和下山口的导线点坐标和腰线点高程反算上山的方向和坡度，并进行实地标定。在掘进过程中应经常检查调整掘进的方向和坡度。

11. 3. 2　两平硐或斜井间贯通平斜巷

图 11-12 为某矿两平硐间巷道贯通的示意图。它没有竖井定向和导入高程的环节。

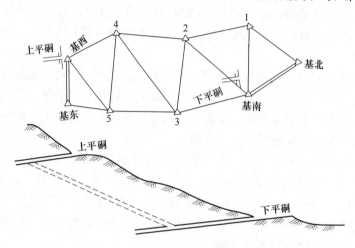

图 11-12　两平硐或斜井间贯通平斜巷

由于地面是山区，且不很开阔，采用导线连测或在原矿区控制网中插点都有困难。故布设了独立的小三角网。按 5″ 小三角网的要求观测角度，用检验过的钢尺丈量两端基线（或用测距仪测定），要求起始边的精度不低于 1/40000。观测成果采用简易平差，也可以采用全站仪测定控制点。地面的高程连测一般可按四等水准测量要求进行。

平硐中和井下巷道中仍然是采用经纬仪导线、水准和三角高程测量，没有其他特点。

除上述这两种典型的情况外，还有其他的情况，例如一面是竖井而另一面是斜井、地面连测采用等级独立三角网或在原三角网中插点等，不再一一举例。

11. 4　立井贯通测量

竖直巷道的贯通可以分为两种情况：一种是从地面和井下相向开凿的竖井贯通；另一种是井下不同水平开凿的暗立井相向贯通和竖井延伸的贯通。无论是哪种情况的贯通，其工作内容的核心都是在井筒的上部精确地测定出井筒中心的坐标，然后在井筒的下部精确地标定出这个坐标。

在立井贯通过程中，往往同时进行设备安装等工程，所以对这种贯通工程的精度要求较高。

11.4.1 从地面与井下相向开凿的竖井贯通

如图 11-13 所示。在距主副井较远的地方要新打一个三号井，并决定一面从地面往下打井，一面从原运输大巷继续掘进，并在井下打三号井的井底车场。在车场巷道中标出三号井中心位置后，先向上打小断面反井，贯通后再按全断面刷大成井。

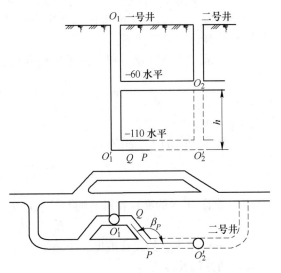

图 11-13 地面与井下相向间竖井贯通

这时的测量工作内容如下：

（1）进行地面连测，建立主副井和三号井的近井点。地面连测的方案可视两井间的距离和地形情况，采用导线、三角网、插点等方案。

（2）以三号井的近井点为依据，实际测定井筒中心（井中）的坐标。

（3）通过主、副井进行定向，确定井下导线起始边的方位角和点的坐标。

（4）在井下运输巷道中测设导线，测定 B 点的坐标和 CB 边的方位角。

（5）根据三号井井底车场设计的出车方向和井中的坐标及运输巷道设计的方向和 B 点的坐标，即可反算转弯处 P 点的位置和相应的弯道。

（6）按 BP 和 PO 的方向和距离（即按设计导线）继续掘进运输大巷和井底车场。测量人员要经常标设中腰线并进行检查。

（7）掘过井中位置后，应根据井中附近的导线点准确地在巷道中标定井中位置，并牢固地埋设好标桩，此后便可开始向上打小断面反井。

标设井中心位置的方法如图 11-14 所示。RS 为附近的导线边，根据井中 O 点的坐标和 S 点的坐标，即可反算出 SO 的坐标方位角和距离：

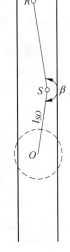

$$\tan\alpha_{SO} = \frac{y_O - y_S}{x_O - x_S}$$

$$l_{SO} = \frac{y_O - y_S}{\sin\alpha_{SO}} = \frac{x_O - x_S}{\cos\alpha_{SO}}$$

$$\beta = \alpha_{SO} - \alpha_{SR}$$

图 11-14 标设井中

在竖井贯通中，高程的误差对贯通的影响不大，一般可以利用原有高程成果并进行补测，最后可根据井底的高程推算竖井的深度并推算贯通的地点和时间。

11.4.2 不同水平暗竖井的相向贯通

如图 11-13 所示，一号井已掘到 –110 水平，井底车场石门 $O_1' \sim P$ 一段已掘好。而二号井只掘到 –60 水平。今欲按设计要求，由 $O_1' P$ 掘一联络平巷到二号井底，再向上反掘二号井。因此，必须确定 QP 石门的掘进方向和长度，测设出二号井井筒中心 O_2'。

通过井上下的联系测量，Q、P 点的平面坐标、高程及其连线的方位角均为已知。二号井筒中心 O_2（O_2'）的平面坐标也已知。通过导入标高，求得了 -60 水平井底高程 H_{O2}。其结算步骤和标定方法如下：

（1）计算 PO_2' 的方位角和 P 点处的指向角：

$$\tan\alpha_{PO_2'} = \frac{y_{O_2'} - y_P}{x_{O_2'}' - x_P}; \quad \beta_P = \alpha_{PO_2'} - \alpha_{PQ}$$

式中，$x_{O_2'} = x_{O_2}$，$y_{O_2'} = y_{O_2}$。

（2）计算 PO_2' 的水平距离 $S_{PO_2'}$：

$$S_{PO_2'} = \frac{y_{O_2'} - y_P}{\sin\alpha_{PO_2'}} = \frac{x_{O_2'} - x_P}{\cos\alpha_{PO_2'}}$$

（3）计算 O_2' 点的高程和贯通的井筒长度 h：

$$H_{O2} = H_P + iS_{PO_2'}$$

式中　i——联络平巷的设计坡度，上坡取正号，下坡取负号。

贯通的井筒长度为

$$h = H_{O_2} - H_{O_2'}$$

（4）标定方法。求得了上述贯通的几何要素后，便可在 P 点安置经纬仪标定出 β_P 角，给出巷道的中线，并按设计坡度 i 给出腰线。当巷道掘进长度达到 $S_{PO_2'}$ 后，便可将 O_2' 点的位置在实地上标定出来，并固定在底板上。此后，便可由此点向上掘进井筒。

贯通测量中，无论是联系测量还是井上下导线测量、计算等均需要独立进行两次，以进行检核。

11.4.3　竖井延伸的贯通

立井的延伸是许多矿井均会遇到的问题，井筒的延伸一般要求不影响原水平的生产。采用辅助水平延伸（见图 11-15）时，这种贯通只有一个工作面掘进；有时为了加快工程进度，在生产水平打一条暗斜井到开拓水平，然后在开拓水平向上打反井，如图 11-16 所示，

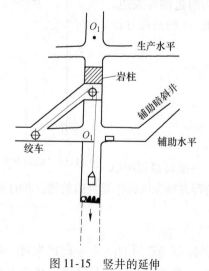

图 11-15　竖井的延伸　　　　　图 11-16　竖井的相向贯通（两个掘进面）

这种贯通是一种相向贯通。这两种方式的立井延伸，在贯通测量步骤上基本是一致的。

第一阶段：均要在生产水平测量实际的井筒中心坐标 O_1，而不能采用设计的井筒中心坐标。因为井筒不可能完全铅直，且有可能变形。而延伸井筒是要和生产水平的井底相接的。

第二阶段：测设高精度（7″）级导线。从生产水平井底车场起测设经纬仪导线，通过暗斜井或下山将导线一直测到开拓水平的车场。

第三阶段：计算井中 O_2、O_3（见图 11-15 和图 11-16）的标定数据并进行实地标定。

11.5 贯通后实际偏差的测定及中腰线的调整

巷道贯通后，实际偏差的测定是一项重要的工作，它具有以下意义：

（1）对巷道贯通的结果作出最后的评定。

（2）用实际数据检查测量工作的成果，从而验证贯通测量误差预计的正确程度，以丰富贯通测量的理论和经验。

（3）通过贯通后的连测，可使两端原来没有闭合或附合条件的井下测量控制网有了可靠的检核和进行平差与精度评定。

（4）作为巷道中腰线最后调整的依据。

所以《煤矿测量规程》中规定：井巷贯通后，应在贯通点处测量贯通实际偏差值，并将两端导线、高程连接起来，计算各项闭合差。重要贯通的测量完成后，还应进行精度分析，并作出总结。总结要连同设计书和全部内业、外业资料一起保存。

11.5.1 贯通后实际偏差的测定

（1）平斜巷贯通时水平面内偏差的测定：

1）用经纬仪把两端巷道的中心线都延长到巷道贯通接合面上，量出两中心线之间的距离 d，其大小就是贯通巷道在水平面内的实际偏差，如图 11-17 所示。

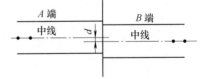

图 11-17　贯通巷道在水平面内的实际偏差

2）将巷道两端的导线进行连测，求出闭合边的坐标方位角的差值和坐标闭合差，这些差值实际上也反映了贯通平面测量的精度。

（2）平斜巷贯通时竖直面内偏差的测定：

1）用水准仪测出或用小钢尺直接量出两端腰线在贯通接合面处的高差，其大小就是贯通在竖直面内的实际偏差。

2）用水准测量或经纬仪三角高程测量连测两端巷道中的已知高程控制点（水准点或经纬仪导线点），求出高程闭合差，它也实际上反映了贯通高程测量的精度。

（3）立井贯通后井中实际偏差的测定：立井贯通后，可由地面上或由上水平的井中处挂下中心垂球线到下水平，直接丈量出井筒中心之间的偏差值，即为立井贯通的实际偏差值。有时也可测绘出贯通接合处上、下两段井筒的横断面图，从图上量出两中心之间的距离，就是立井贯通的实际偏差。

立井贯通后，应进行定向测量，重新测定下水平井下导线边的坐标方位角和用来标定下水平井中位置的导线点的坐标、与原坐标的差值 Δx 和 Δy 以及导线点的点位偏差 $\Delta = \sqrt{\Delta x^2 + \Delta y^2}$，它也反映了立井贯通的精度。

11.5.2　贯通后巷道中腰线的调整

测定巷道贯通后的实际偏差后，还需对中腰线进行调整。

（1）中线的调整。巷道贯通后，如实际偏差在容许的范围之内，对次要巷道只需将最后几架棚子加以修整即可。对于运输巷道或砌碹的巷道，可将距相遇点一定距离处的两端中心线 A 与 B（见图 11-18）

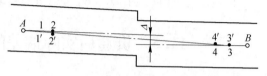

图 11-18　运输巷贯通后中线的调整

相连，以新的中线 A-$1'$-$2'$-$4'$-$3'$-B 代替原来两端的中线 A-1-2 和 B-3-4，以指导砌筑最后一段永久支护和铺设永久轨道。

（2）腰线的调整。若实际的贯通高程偏差 Δh 很小时，可按实测高差和距离算出最后一段巷道的坡度，重新标定出新的腰线。在平巷中，如果贯通的高程偏差 Δh 较大时，可适当延长调整坡度的距离，如图 11-19 所示。实测贯通高程偏差为 60mm，由贯通相遇点向两端各后退 30m，与该处的原有腰线点相连接。则得调整后的腰线，其坡度由原设计的 4‰ 变为 3‰。如果由 K 点向两端各后退 15m，则调整后的腰线坡度为 2‰。在斜巷口，通常对腰线的调整要求不是十分严格，可由掘进人员自行掌握调整。

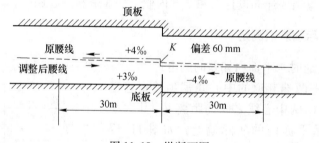

图 11-19　纵断面图

 ## 习　题

11-1　什么是贯通，它由哪几种类型？贯通测量有何特点？

11-2　贯通测量的步骤是什么？

11-3　贯通测量中应该注意的事项有哪些？

11-4　贯通的几何要素有哪些？它们有什么作用？

11-5　一井之内的贯通与两井之间的贯通各需要考虑哪些因素？

11-6　贯通后的中线偏差如何调整？

11-7　贯通后的腰线偏差如何调整？

11-8　请写出两项改正数的计算公式。

12 露天矿测量

用露天法开采有用矿物，在采矿工业中占有重要的位置。在露天矿建设和生产过程中需要进行一系列的测量工作，这些测量工作统称为露天开采测量。

露天矿测量概括起来也是测定测量对象的空间位置，是为矿山的基建和生产服务的，并可根据测量所提供的图纸和资料来解决生产中所提出的有关问题。露天矿测量的主要任务是测绘矿体的产状和形态，采剥工程的位置、形状、大小和它的空间变化，工业设施的布置以及生产勘探工程等。

露天矿山测量的内容有：建立矿山测量控制网，测绘矿区范围内的大比例尺地形图及采剥工程平面图，进行各种碎部测量，对建筑物、土方工程、爆破工程、公路、铁路和堑沟等进行测设，验收和测量剥离量和采矿量，计算统计矿石损失率和贫化率，以及观测边坡移动等。

露天矿山测量是在地面进行的，因此露天矿测量所用的仪器、方法与地形测量基本相同。但露天矿生产有其特点，故给露天矿测量工作带来某些特点。这些特点是：

（1）地形测量是以地形点和地物点为主要测量对象。这些点在一定时期内其位置是不变的；而露天矿测量是以各种工程为主要测量对象，这些对象的位置是经常变化的。

（2）地形测量和露天矿测量虽然都是在露天条件下进行作业，但是在露天矿由于采剥工程的不断进展，大部分的地物、地貌会经常的变化，设在台阶上的测量控制点经常被破坏。为了测出各种碎部以及施工放样，便需要不断地补充工作控制点。所以要求测设方法能适应这一特点。

（3）地形测量的精度主要是以制图精度为依据，故测绘不同比例尺的图纸其精度要求也不同；而露天矿测量的精度是以能满足不同工程的要求为主，所以测量的精度是根据所解决的生产问题来确定的。

12.1 露天矿控制测量

露天矿与相邻厂矿、露天矿内部各项工程以及同一工程的不同区段之间，都有一个相互位置关系的问题。为此，这些需要对照其相互位置关系的工程，就都必须采用统一的坐标系统来确定它们的位置。露天矿控制测量就是在某一坐标系统下，建立各级控制点作为各项工程位置的放样和测图的控制。露天矿控制测量分为基本控制和工作控制两类。

12.1.1 露天矿基本控制测量

露天矿基本控制网是露天矿一切测量工作的基础，它分为基本平面控制网和基本高程控制网。

根据露天矿生产建设对测量工作的要求，地面三四等三角网、边角网、测边网或导线网、一级小三角网、一级小测边网或一级导线网均可作为露天矿的基本控制。小型露天矿可采用二级小三角网、二级小测边网或二级导线网作为矿区的基本控制。基本高程控制一般应采用地面三四等水准网（点），小型露天矿也可用等外水准作为基本高程控制。

露天矿坑根据生产需要，允许采用与矿体走向线垂直和平行的独立平面坐标系统，但必须与矿区坐标系统连测，以便进行坐标换算。高程一般应采用国家统一高程系统。有条件时，也可采用相应的 GPS 网点作为露天矿的基本控制。

布设露天矿基本控制网时，必须满足以下要求：

（1）根据露天矿的地形状况，在选择基本控制方案时，应使控制点能均匀分布在露天矿坑四周的边帮上，以便为设置露天工作控制创造良好的条件。

（2）选点时须注意采矿场轮廓和露天边坡坡度。尽量使较多的基本控制点能够在矿坑内看到。

（3）设点时应考虑采矿工作的发展方向和边坡滑（移）动的影响，使控制点能够在较长的时间内不被破坏，一般应尽可能设在固定帮一侧，并且位于矿坑境界外的稳定地区。

（4）平面控制网的大部分点应测定高程，所以露天矿的平面控制网，在一般的情况下同时又是高程控制网。

12.1.2　露天矿平面工作控制测量

露天矿建立了基本控制网以后，还不能满足采剥生产和工程施工的要求，必须在基本控制的基础上，在采场、排土场建立平面工作控制点。露天矿的平面工作控制网（点），一般分为两级：Ⅰ级工作控制是在基本平面控制的基础上加密，测角中误差为 ±10″；Ⅱ级工作控制是在Ⅰ级工作控制或基本控制的基础上加密，测角中误差为 ±20″。

为满足露天采场内验收测量及其他测量工作的需要，工作控制点应有一定的密度和精度。点的密度依图的比例尺而异，当测图比例尺为 1∶1000 时，工作控制点的距离不应大于 200m；当测图比例尺为 1∶500 时，测点间的距离不应大于 150m。工作控制点的精度，以成图精度为依据，要求工作控制点相对于基本控制点的点位误差不大于图上 0.2m。

在采场、排土场以外，需要长期保存的工作控制点，应埋设永久点，并建立觇标；采场内的工作控制点，可埋设临时点，用木桩或铁棒固定在采剥平盘上，也可用红色铅油在暂时不被采动的岩石上标出其位置。

露天矿工作控制网（点）的布设方法要根据采场的地形条件、矿层的轮廓、开采深度及方向，以及所采用的碎部测量方法来确定，采用极坐标法、断面线法、交会法、小三角网（锁）法、导线法和方格网法等方法测定。

12.1.2.1　极坐标法

用光电测距仪测边的极坐标法布设工作控制点，具有布点灵活、施测方便、计算简单、精度可靠等优点。图 12-1 中 A、B 为基本控制点，1、2、3…等点为欲布设的工作控制点，在 B 点安置测距仪，后视 A 点，依次瞄准 1、2、3…等点的反射镜，测量斜距 s_1、s_2、s_3…，倾角 δ_1、δ_2、δ_3…，水平角 β_1、β_2、

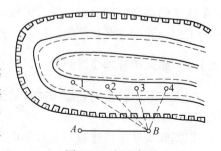

图 12-1　极坐标法

$\beta_3\cdots$。工作控制点的坐标为：

$$x_i = x_B + s_i\cos\delta_i\cos\alpha_i \atop y_i = y_B + s_i\cos\delta_i\cos\alpha_i \Big\} \tag{12-1}$$

第 i 点的点位中误差为：

$$M_i = \pm\sqrt{\cos^2\delta_i m_s^2 + R_i^2\frac{m_\beta^2}{\rho^2}} \tag{12-2}$$

式中　m_s——测距仪的测距中误差；

　　　m_β——测水平角中误差；

　　　R_i——测站点 B 至第 i 点的连线长度。

用全站仪极坐标法布设工作控制点，则更为简单、方便。在图 12-1 中的 B 点安置全站仪，后视 A 点，依次瞄准 1、2、3…等点的反射镜，直接测出各点的坐标即可。

12.1.2.2　导线法

当采场、排土场的走向较长且平盘较宽时，宜采用导线法建立工作控制网。导线路线应尽可能以直伸形状铺设在同一个阶段工作平盘上，在采场端帮也可布设跨阶段的闭合导线。图 12-2 为以导线形式布设的露天采场工作控制网。图中 A_2、B_2、A_3、B_3 及 A_n 点为用极坐标法建立的露天 Ⅰ 级工作控制点。A_2-1-2-3-4-B_2 和 A_3-1-2-3-4-B_3 为布设在第二和第三阶段上的直伸形附合导线。A_n-1-2-3-4 是随着掘（拉）沟工程进展向前铺设的复测支导线。A_2-Ⅰ-Ⅱ-…-Ⅵ-A_2 为采场西端帮跨第二、第三阶段的闭合导线。这 4 条导线均属于露天 Ⅱ 级工作控制点。

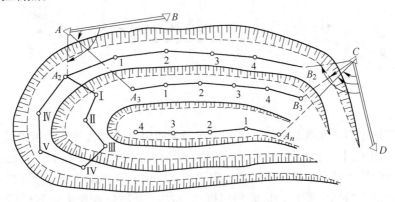

图 12-2　导线法布设工作控制网

有条件的露天矿，尽可能采用全站仪或光电测距导线布设工作控制网，也可采用传统的经纬仪钢尺导线。光电测距导线的主要技术指标见表 12-1。

表 12-1　光电测距导线施测要求

级别	附合导线长度/m	平均边长/m	测角中误角	方位角闭合差	导线全长相对闭合差
Ⅰ 级	2400	200	$\pm 10''$	$\pm 20''\sqrt{n}$	1/10000
Ⅱ 级	1500	150	$\pm 20''$	$\pm 40''\sqrt{n}$	1/6000

注：n 为附合导线的总测站数。

12.1.2.3　断面线法

在露天采场的采剥平盘（即工作线长度）较长，开采深度较深的情况下，宜采用断面线法。断面线法的优点是：在采场内根据断面线上的工作点，可以很容易地确定某一点的坐标值，从而有利于生产、工程管理和测量工作的进行。

各条断面线应大致垂直于矿床走向，并相互平行、间距相等。断面线的间距通常与勘探线间距一致，一般可在 40 ~ 250m 之间。

每条断面线上有基点和工作点。基点起着固定该断面线位置的作用，基点应是基本控制点或 I 级工作控制点。基点应设置在露天采场两帮的稳定地带，当只能设在一帮时，其数目不得少于 2 个，点间距应大于 40m，并随着采剥工程的进展，及时将基点移设到非工作帮的下部阶段平盘上，以提高露天采场深部工作控制点的精度。

图 12-3 为采用断面线法布设工作控制点的平面示意图。断面线间距为 200m，主断面线 EW0 与矿床走向垂直，与露天矿假定坐标系统 x 轴重合，往东各断面线上各点的横坐标分别为 E200、E400、…；往西各断面线上各点的横坐标分别为 W200、W400、…。

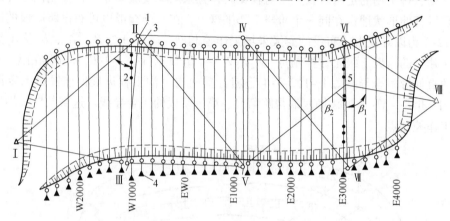

图 12-3　断面线法

为了实地标定出断面线的位置，首先应在采场四周（境界线外）布置露天矿基本控制网，如图 12-3 中的 I 、II 、III 、…、VII 等点，然后根据这些基本控制点再标定出各断面线。由于各断面线上基点的设计坐标是已知的，就可根据这些设计坐标值算出各基点相对于有关基本控制点的标定要素，从而采用极坐标法用全站仪或光电测距仪标定出这些基点。然后利用这些基点标定出各断面线上的工作点，其方法有：

（1）全站仪或光电测距仪法标定。在断面线的一端基点上安置测距仪，后视另一端基点上的觇标，此时的仪器视线就处在该断面线的方向上，然后依次照准立在各平盘上的反射镜。测出斜距 s_i、倾角 δ_i，利用基点的已知坐标，便可求出各工作点的平面坐标。或者在断面线一端基点上安置全站仪，用同样的方法直接测出各工作点的平面坐标。

（2）导线法标定。从断面线的基点开始，以直伸形导线测至矿坑最下部的一个工作点，并与相邻断面线最下部的工作点连测并返测上去，形成闭合导线或导线网，经导线平差后算出各工作点坐标。

（3）断面线交会法标定。如图 12-3 在 E3000 断面线的 5 号点上安置经纬仪，测出水

平角 β_1 和 β_2，由于 5 号点到 V 和 Ⅶ 的横坐标增量 Δy 为已知，故可求出其纵坐标增量 Δx：

$$\left. \begin{array}{l} \Delta x_{5V} = \Delta y_{5V} \cot\beta_2 \\ \Delta x_{5Ⅶ} = \Delta y_{5Ⅶ} \cot\beta_1 \end{array} \right\} \tag{12-3}$$

进而可求得 5 号工作点的纵坐标为：

$$x_5 = \frac{x_V + \Delta x_{V5} + x_{Ⅶ} + \Delta x_{5Ⅶ}}{2} \tag{12-4}$$

12.1.2.4 交会法

在形状复杂、开采深度较深、阶段平盘较窄的露天矿和阶段平盘较多的排土场，可采用交会法测设露天 Ⅱ 级工作控制点。采用这种方法时，在采场四周必须有足够的基本控制点和露天 Ⅰ 级工作点。

如图 12-4 所示，A、B、…、G、H 为露天矿基本控制点，P_1、P_2、P_3、P_4 为交会点。图形 ABP_1、$CDEP_2$、$EFGP_3$ 和 GHP_4 分别表示侧方交会、后方交会、前方交会。

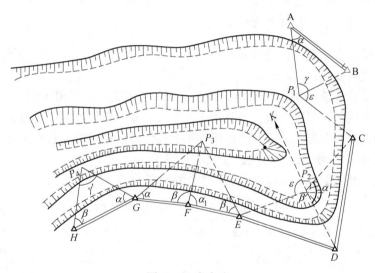

图 12-4 交会法

（1）基本要求：

1）前方、侧方交会不得少于 3 个基点，后方交会不得少于 4 个基点，当用 2 个基点作前方交会时，必须测出三角形的 3 个内角。

2）前方、侧方交会的交会角，均应不小于 30°并且不大于 150°。

3）后方交会点应尽可能设置在 3 个已知点构成的三角形中。当交会点有可能位于 3 个已知点的外接圆的圆周附近时，则应特别注意，交会点与圆周的距离一般不应小于外接圆半径的 1/5，或交会角 α、β 和固定角 D 之和不应在 160°~200°之间。

4）观测交会角的经纬仪精度应不低于 DJ_6 级，当采用后方交会时应尽可能提高测角精度。

5）对交会点，一般应独立解算两组坐标。两组坐标不符值不超过 0.4m 时，取其算术平均值作为计算结果。在特殊情况下，如后方交会点只解算一组坐标，则必须进行点位精度估算，并用多余观测方向作检核，计算角和观测角之差应小于 $M\rho''/5000S$（其中：S

为多余方向边的边长，m；M 为测图比例尺分母）。

（2）测边交会法。当采场太深、视线倾角太大时，采用测边交会法在精度上比较可靠。一般是采用测边后方交会，即将光电测距仪安置在采场内交会点上，观测立于 3 个基本控制点上的反射镜，测得 3 条边长，解出交会点坐标。

12.1.3　露天矿高程工作控制测量

露天矿高程工作控制分为 Ⅰ、Ⅱ 两级。一般情况下，Ⅰ、Ⅱ 级平面工作控制点也是 Ⅰ、Ⅱ 级高程点。如果 Ⅰ、Ⅱ 级高程点还不能满足采矿工程和基建工程的需要，可增设独立高程点。

露天矿 Ⅰ 级高程点应在三四等水准点的基础上加密；Ⅱ 级高程点应在三四等水准点或 Ⅰ 级高程点的基础上加密。Ⅰ 级高程点一般设在露天采场（或排土场）周围、采场固定帮和地面工业广场上，其点位应设在不受采动影响、便于使用和不致被破坏的地方。高程点应统一编号，并设置明显标志。露天矿高程工作控制可采用水准测量或三角高程测量方法布设。

12.1.3.1　露天 Ⅰ、Ⅱ 级水准测量

露天 Ⅰ、Ⅱ 级水准路线，应以露天矿基本高程控制网、点为基础，铺设或附合路线、结点路线、环线或支线。

露天 Ⅰ、Ⅱ 级水准测量主要沿露天 Ⅰ、Ⅱ 级工作点进行。当组成闭合环或附合路线时，可采用单程观测；当以 Ⅰ 级水准路线作为露天矿基本高程控制或施测支线水准时，应进行往返观测或单程双测。单程双测法即用 4 个尺台，布置成左、右水准路线，在每一测站上测完左（或右）路线后，再测右（或左）路线。

露天矿工作高程网水准测量的主要技术指标应符合表 12-2 的规定。

表 12-2　露天矿工作高程网的主要技术指标

等级	每公里高差中数中误差/mm	环线或附合路线长度/km	仪器级别	水准标尺	观测次数 与已知点联测	观测次数 环线或附合	往返互差、环线或附合路线闭合差/mm
Ⅰ	±15	10	DS$_{10}$	木质单或双面	往返各一次	往一次	±30$\sqrt{L}$
Ⅱ	±25	4	DS$_{10}$	木质单或双面	往返各一次	往一次	±50$\sqrt{L}$

注：计算两水准点往返测互差时，L 为水准点间线路长度（km）；计算环线或附合线路闭合差时，L 为环线或附合线路长度（km）。

露天矿水准测量观测的技术要求见表 12-3。当高程闭合差不超限时，可按测站数进行分配或取往返观测的平均值。

表 12-3　露天矿水准测量观测的技术要求

等级	仪器级别	视线长度/m	前后视距差/m	前后视距累积差/m	视线离地面最低高度/m	基本分划、辅助分划（黑红面）读数差/mm	基本分划、辅助分划（黑红面）高差之差/mm
Ⅰ	DS$_{10}$	100	10	50	0.1	4	4
Ⅱ	DS$_{10}$	100	10	50	0.1	5	7

注：用单面水准标尺进行露天矿 Ⅰ、Ⅱ 级水准测量时，应变动仪器高观测，所测高差之差与黑红面所测高差之差的限差相同。

12.1.3.2　三角高程测量

采用三角高程测量方法测定露天Ⅰ级高程点的高程时，应以三四等水准点为起点、闭点组成三角高程路线。对于露天Ⅱ级高程点，可在高一级高程点的基础上组成三角高程路线或用独立交会法测定其高程。

三角高程的倾斜角观测，通常与水平角观测一并进行。组成三角高程路线的各边，均应进行双向观测。仪器高和觇标高需要丈量两次，两次丈量互差应小于10mm。

相邻两点间往返测的不符值或交会点由各个方向算得的高程不符值，不超过限差规定时，可取其平均值作为测量结果。露天矿三角高程测量的施测规格和限差要求见表12-4。

表 12-4　三角高程测量主要技术要求

| 等级 | 仪器级别 | 测回数 | | 倾斜角互差 | 指标差互差 | 对向观测高差互差 /mm | 环线或附合路线 闭合差/mm |
		中丝法	三丝法				
Ⅰ	J_2	1			15″	0.4l	$\pm 70\sqrt{L}$
	J_6	2	1	25″	25″		
Ⅱ	J_6	1			25″	0.8l	$\pm 100\sqrt{L}$

注：l 为相邻两点间的水平边长（m）；L 为环线或附合路线总长度（km）。

独立交会点由各方向推算的高程互差不得超过 0.2m。当交会边长超过 400m 时，须进行地球曲率和大气垂直折光差改正。

露天Ⅰ、Ⅱ级三角高程闭合差，不超过限差规定时，可按边长成比例进行分配。

12.2　露天矿采剥场测量

在露天矿生产过程中，为了及时了解生产的进展情况、作业机械的位置、工作平盘要素、矿石的产量和岩石的剥离量，以及配合开沟和爆破工程所进行的测量工作，称为露天矿采剥场测量，包括采剥场验收测量、技术境界测量、开掘沟道测量和爆破工程测量。这些测量工作是露天矿测量的主要组成部分，并属露天矿坑内的正常生产测量，故也称露天矿生产测量。

12.2.1　采剥场验收测量

露天矿在剥离、露煤（采场）工作中，必须及时地测量采、剥工作面的位置，验收采、剥工作面规格质量，计算岩土的剥离量和矿物的采出量。这些测量工作，统称为采剥场验收测量。其主要任务是：测量采剥工作面的位置并绘制采剥工程平面、断面图；按区域、阶段平盘、工程项目、电铲号等计算实际采剥工程量；在验收测量图纸上量取实际工程技术指标，如工作线长度、阶段平盘宽度、剥离进度、采宽、采高、工作帮坡度、阶段高程等。

为了检查计划执行情况，计算实际的剥采比以及安排生产计划，必须按旬、半月或月进行一次验收测量。

12.2.1.1　验收测量的主要对象

验收测量的主要对象为：采剥阶段的段肩和段脚，阶段平盘上的岩石堆，主要机械的位置，露天矿坑内的运输线路，地质勘探用的井巷和地质素描点，空巷、火区及水淹区，崩岩及水源，露天坑内的排水设施及泄水井巷，绞车道、栈桥、变电所和车库等的位置，大爆破用的井巷和硐室。

12.2.1.2　采剥场验收测量方法

采场验收测量时，一般均采用极坐标法，用全站仪直接测出各测点的坐标；或者用经纬仪测量水平角，用光电测距仪测量距离后，用极坐标法计算公式算出各测点的坐标；在一些小型露天矿或没有全站仪（测距仪）的露天矿，也可采用经纬仪测角，视距法测距来确定各测点的坐标。如图 12-5 所示，将经纬仪置于 -28 平盘上的 I 级工作点 A 上，根据基本控制点 M 定向，然后顺次瞄准立于段上 1、2、3…和段下 1′、2′、3′…各点的视距尺或反射棱镜，测出水平角和距离以确定各测点的位置。对露煤平盘进行验收测量时，应同时进行地质点的测绘工作，如图 12-5 中 1、4′、5′…等点为被剥离露出的煤层顶板位置。

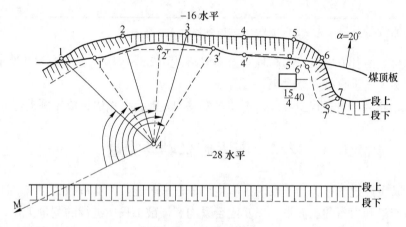

图 12-5　验收测量

采用经纬仪并用视距方法进行验收测量时，应满足下列要求：

（1）视距测量应使用精度不低于 DJ$_6$ 级的经纬仪进行。所使用的水准尺（视距尺）应安装有水准气泡，尺上分米分划的分划误差不得大于 1mm。

（2）视距测量的仪器站应是工作控制点，相邻两工作控制点的距离，一般不应大于 200m。在特殊情况下，允许在控制点上引测一个视距支导线点作为仪器站。引测时，水平角及倾斜角以一个测回观测，视距边长不得超过 80m，并须进行往返测量。往返测的边长及高差不符值，分别不得大于 0.5m 和 0.1m，取其平均值计算点的平面坐标和高程。

（3）进行验收测量时的测点（立尺点），应选在所测对象有代表性的地方，但点间距离不得大于 25m。经纬仪至视距尺的最大视距：测图比例尺为 1:500 时，不得超过 100m；比例尺为 1:1000 时，不得超过 150m。

（4）在相邻两测站点上进行验收测量时，必须有 1～2 个测量校核点。两测站上测得同一校核点的点位偏差，在图上不得大于 1.5mm；高程不符值不得大于 0.3m。

（5）进行视距测量时，还应做到下列几点：

1）经纬仪对中和量取仪器高的误差均不得超过10mm。

2）在水准尺处于竖直状态下读取视距。

3）视距距离读取至分米，倾斜角与水平角读至分。

4）在一测站测完后，须重新瞄准起始方向，检查水平度盘读数是否发生变化，如差值超过2′时，则所测各点须重测。

5）观测结果须记入专用的视距测量记录簿内，并绘出所测对象的略图，注明作业电铲位置及测量校核点编号。

12.2.1.3 采剥工程平面图和断面图的绘制

采剥工程平面图绘制的传统方法是：根据外业测量出的水平角、水平距离和高程等碎部点展绘要素，将所测出的各碎部点依比例尺展绘在图纸上，并在点旁注出高程，将坡顶线和坡底线分别用实线和虚线连接起来，就绘制成了采剥工程平面图。采剥工程平面图是绘制其他矿图的基础。

采剥工程断面图则是根据采剥工程平面图转绘而成的。图12-6（a）为采剥工程平面图，如果要绘制EW0断面线的断面图，首先在该断面线上选取诸如0、1、…、5等一系列特征点，并量取其与基准线SN0的水平距离；其次按给定的水平和竖向比例尺绘出断面格网，最后按比例尺将1、2、…、5各点展绘在格网上，并将各点依次相连，就绘制完成了采剥工程断面图，如图12-6（b）所示。

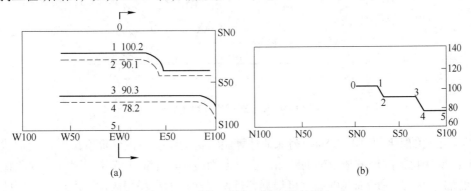

图12-6 采剥工程断面图的绘制方法

近年来，我国数字化测图技术的开发研究与应用发展很快。使用全站仪或半站仪，在野外数据采集采用编码和绘制草图，利用各种记录器或微型计算机记录，数据输入计算机，进行数据处理和图形处理，绘图仪输出成图；或者利用全站仪和便携机（电子平板）相结合，在野外采集数据，不用编码，测量数据直接进入电子平板绘图，现场修改编辑屏幕显示，最后由绘图仪输出成果。采用数字化测图技术，可及时准确地自动绘制完成采剥工程平面图，并为建立露天矿测量数据库和露天矿地质测量信息系统打下基础。

根据露天矿采剥工程数字化平面图，利用数字化测图系统的相关功能，可自动绘制任意断面的采剥工程断面图。

计算验收量用的采剥工程平面图和断面图，接《煤矿测量规程》的有关规定绘制，并且必须符合下列要求：

（1）采剥工程断面图的间距不得大于 25m。

（2）工作控制点的点位展绘误差不超过图上 0.3mm，刺孔不大于 0.2mm；作为起始方向线的方向描绘误差不超过 ±10′。

（3）用极坐标法绘制碎部点，其方向描绘误差不超过 ±10′，量距误差不超过图上 ±0.2mm。

（4）由平面图转绘断面图，其横向误差不超过图上 ±0.4mm，纵向误差不超过图上 ±0.2mm。

12.2.1.4　验收量计算

验收量（采剥工程量）的计算，传统的方法是图解法。所谓图解法，就是从采剥工程平（断）面图上量取有关数据，计算验收量。图解法又分为垂直断面法和水平断面法。当采剥平盘的坡顶线和坡底线近似呈直线，且较长时，宜采用垂直断面法；否则宜采用水平断面法。目前在大型露天矿中计算验收量时，一般均采用垂直断面法。

A　垂直断面法

用垂直断面法计算验收量，首先在已绘好的平面图上按一定间隔绘出剖面线，沿此剖面线绘制采剥工程断面图；然后在断面图上求出断面积，将相邻两断面的平均面积，乘以断面间距，即得验收体积；最后用验收体积乘以有用矿物的容重，便求得验收量（重量），如图 12-7 所示。

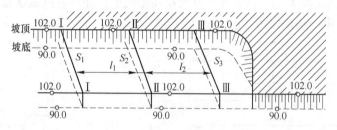

图 12-7　垂直断面法计算验收量

断面之间的距离为 10~25m。为保证计算验收量的精度，在台阶顶（底）线形状复杂和台阶高度变化大的地方加设辅助断面。由于断面线不一定都正好位于测点（验收作业时的立尺点）上，此时断面线的高程可根据邻近两个测点的高程用内插法求出。断面的面积可以用几何图形法求出，也可用求积仪求出。

理论分析和实践证明，根据平面图绘制断面图计算验收量的方法误差较大，而宜采用在平面图上量取采宽和直接用碎部点高程计算采高，从而求得采剥量的方法。

一个区间的采剥总体积可按下式计算：

$$V = S_1 l + \left(\frac{S_1 + S_n}{2} + S_2 + S_3 + \cdots + S_{n-1} \right) l' + S_n l'' \tag{12-5}$$

式中　S_1，S_2，$\cdots$，S_n——相应断面的断面积；

　　　　l'——采掘起点至第一个断面的距离；

　　　　l''——第 n 个断面至采掘终点的距离；

　　　　l——断面间距。

设有用矿物的容重为 R，则验收量（重量）可用下式计算：

$$Q = VR \tag{12-6}$$

B　水平断面法

图 12-8 为水平断面法计算验收量的示意图，$A_1B_1C_1D_1$ 和 $A_2B_2C_2D_2$ 分别为上期末和本期末的采剥终止线。设上平盘 $A_1A_2B_1B_2$ 和下平盘 $C_1C_2D_2D_1$ 的面积分别为 S_1 和 S_2，上下平盘之间的平均高差为 h_a。则该采剥体的体积为：

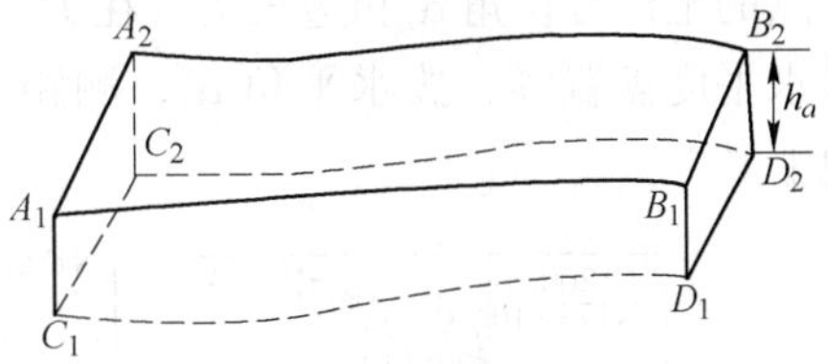

图 12-8　水平断面法验收量计算

$$V = \frac{S_1 + S_2}{2} h_a \tag{12-7}$$

式中，S_1 和 S_2 可用求积仪根据平面图求得，h_a 应根据平盘上各测点的平均高程求得。验收量（重量）可用式（12-6）求得。

C　解析法

由于图解法计算验收量误差大，计算繁琐，效率低下，已越来越不适应露天矿生产现代化的需要。随着全站仪、电子计算机等现代化设备的普及以及数字测图系统、地理信息系统的推广应用，验收量的计算由图解法向解析法发展是必然趋势。

所谓解析法计算验收量，就是利用全站仪或光电测距仪等仪器设备采集验收台阶各碎部点的平面坐标和高程；根据验收台阶上、下盘边界线上各点的平面坐标，采用解析法面积计算公式为：

$$\left. \begin{array}{l} S = \dfrac{1}{2} \displaystyle\sum_{i=1}^{n} x_i(y_{i+1} - y_{i-1}) \\[3mm] S = \dfrac{1}{2} \displaystyle\sum_{i=1}^{n} y_i(x_{i-1} - x_{i+1}) \end{array} \right\} \tag{12-8}$$

计算出上、下盘的面积；然后再计算出上、下盘间的平均高差；最后利用式（12-7）和式（12-6）计算出验收体积 V 和验收量 Q。上述计算是通过设计专用功能模块用计算机计算出来的。

D　全月验收量计算

由于验收时间不可能正好在月末，所以全月验收量需按下式计算：

$$V_月 = V_验 + V_本 - V_上 \tag{12-9}$$

式中　$V_月$——全月验收量；

　　　$V_验$——上月验收时间到本月验收时间内的验收量；

　　　$V_本$——本月验收时间到本月来的生产统计量；

　　　$V_上$——上月验收时间到上月末的生产统计量。

12. 2. 2　露天矿技术境界测量

露天矿的技术境界通常指露天矿最终境界、滑坡处理境界、干线站场境界、露煤工程境界以及年、季、月的设计计划境界等。

标定露天矿的技术境界，根据具体情况可采用极坐标法、断面线法或其他方法进行。

（1）标定方法主要有以下几种：

1）极坐标法。用极坐标法标定露天矿最终技术境界时，通常是根据境界点的设计坐标和选定的工作点的坐标进行的。如图 12-9（a）所示，P 为一选定的工作控制点，1、2、3、4、5 为设计给出的境界点，根据工作点和境界点的坐标，反算出已知工作点到每一境界点的坐标方位角 α_i 和边长 l_i。在 P 点安置全站仪（或光电测距仪），照准起始方向 M，将水平度盘置零，拨水平角 α_i，测距 l_i，依次将各个境界点（$i = 1$、2、3…）标设于实地上。

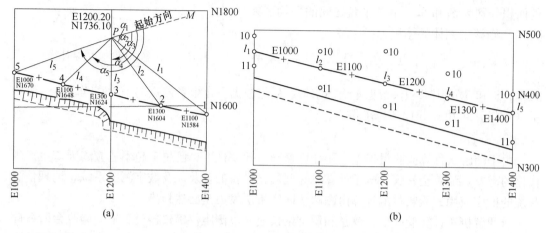

图 12-9　技术境界标定

2）断面线法。当露天矿的工作控制网采用断面线法布设时，如图 12-9（b）所示，则境界点可根据断面线上的工作控制点直接标定出来。这样只需要计算各条断面线上的工作控制点（例如 10 号点）至相应境界点的距离 l_1、l_2、…、l_n。外业标定时，把标杆立在 10 号和 11 号工作点上，标出该断面线的方向，丈量由 10 号工作点到境界点的水平距离 l_i，并钉下境界标桩，即得境界线。

由于每条断面线在同一阶段平盘上均有 1～2 个工作控制点，而各境界点是由同一阶段平盘的不同工作点独立标定出来的，所以对于丢失的境界点的补测工作，也比较方便。

如果在一个阶段平盘上，由于某些原因已不具备两个工作点时，应用经纬仪在一个工作点上，照准同一断面线上任一阶段上的工作点或后视标杆，定出断面线方向，再标定距离 l_i，并钉出境界桩。

（2）标定技术境界时的有关要求有：

1）标定露天矿最终技术境界时，测站点至最终境界点的距离应用光电测距仪或钢尺测量，标定出的最终技术境界点应埋设永久标石，以便供第一阶段验收测量和矿坑周围地形补测时作为图根点使用。

2）除露天矿最终技术境界外，标定其他各种技术境界时，一般可按视距法标定测站点至技术境界点的距离。

3）当计划图上没有给出生产进度计划境界线点的坐标数据，而且设计图的比例尺不小于 1∶1000 时，标定数据可用图解法求得，即用量角器和比例尺量出标定角值和边长，但这一工作必须独立进行两次，取平均值作为标定数据。

12.2.3　开掘沟道测量

在露天矿建设和生产时期，由于剥离、露煤和延伸工程的需要，要开挖出入沟和开段沟。这些沟道的平面位置和坡度都是设计好的，在开挖过程中所进行的测量工作称为开掘沟道测量。

开掘沟道测量的主要任务就是将已设计好的沟道（方向、形式、坡度）标设于实地，以供施工需要。在沟道测量开始前，应具有沟道平面图、沟道纵断面图和沟道横断面图等图纸资料。依据这些资料可以求出沟道中心线的设计方位角和沟道起始点的坐标、各段的设计高程和沟道设计坡度、沟道的宽度和沟道两帮的坡面角等。

在标定沟道时，可用极坐标法按露天Ⅱ级导线测量（标定出、入沟道时）或按碎部点测量的要求定出沟道的起点（或连接点）、中心线和肩线。在出入沟道的肩线桩（或中心线桩）上注明下挖深度，并沿肩线设置部分标杆，以示机械作业方向。

12.2.4 爆破工程测量

爆破的效果，与炮孔间距、行距、炮孔口距坡顶线的距离、阶段高度、最小抵抗线的大小、超钻值以及炸药质量和装药量等因素有关，这些参数的合理性大都需要经过测量才能确定，因此，爆破工程测量对于提高爆破质量有着重要的作用。爆破工程测量内容包括：

（1）为爆破设计提供必要的图纸资料：

1）爆破地区的采剥工程平面图和断面图的复制图，图上应绘出阶段坡顶线、坡底线，并注明有代表性点的高程；开采煤层（矿层）和其他岩层的分界线和有关地质资料。

2）根据穿爆工程需要，在各个阶段平盘上，沿采掘线和运输干线进行纵断面测量，并绘制成综合线路竖直面投影图，以示露天矿工作帮采矿运输系统和各阶段的阶段坡度以及任一区间的阶段段高。

（2）炮孔位置测量。炮孔位置测量包括两个方面：一是将设计图上的设计孔位标定于实地上；二是将实地上已有的孔位测绘于图上。

（3）爆破区的测量工作。当爆破孔打好后，需要对爆破地区进行全面测量，测量工作包括爆破区平面测量、高程测量、横断面测量和炮孔深度测量。

爆破区平面测量的内容包括爆破阶段的坡顶线、坡底线、炮孔位置、孔间距离、靠近段肩的炮孔中心到坡顶线的距离和爆破时岩石散落范围内的构筑物等。平面测量可采用极坐标法，用经纬仪测角，光电测距仪测距或钢尺、皮尺量距。

高程测量包括测出爆破阶段的段肩、段脚上有代表性的点和炮孔口的高程，以确定爆破区的平均高度。高程点的密度，根据阶段高度而定，一般情况下，点间的距离可为 10 ～ 13m。高程测量一般宜用几何水准进行。

横断面测量的内容是测绘通过炮孔中心并垂直于坡顶线的垂直断面。其目的是为了能较准确地求出最小抵抗线的数值和正确地计算装药量，以提高爆破效果。

炮孔深度测量，是在炮孔打完以后，及时对所有炮孔的孔深进行验收。孔深测量是用测绳零端悬一重物投入孔内来进行的。当孔内有积水时，应同时测出积水深度，以便选择炸药或采取扫孔措施。

（4）爆破测量的内业工作。爆破测量的内业工作主要包括绘制爆破区的平面图和通过炮孔的垂直断面图以及确定最小抵抗线、底盘抵抗线和计算爆破量等。

爆破区平面图的比例尺一般为 1:500 或 1:1000。图上应绘出爆破阶段的坡顶线和坡底线、炮孔的位置和炮孔口及炮孔底的高程、爆破区内的地质素描、爆破岩石散落边界及边界内的构筑物。

为了明显起见，垂直断面图的比例尺一般采用 1:200。在图上应绘出阶段的坡顶线和坡底线，并注明高程、炮孔位置及孔口和孔底的高程、坡面上特征点的位置、必要的地质资料。

（5）爆破验收测量。为了检查爆破工作的质量和效果，在爆破后还应对爆破区进行一次全面测量，一般称为爆破验收测量。

爆破验收测量，应在爆破前通过炮孔中心的断面线位置上进行。如图 12-10（a）所示，根据工作点 P_1 和 P_2，在断面Ⅳ上采用上述爆破区测量的方法和要求，测出爆后段肩、爆堆边界以及爆堆坡面上的 1、2、…等特征点的位置和高程。

爆破后测量的外业工作完成后，应绘制爆破后的垂直断面图，如图 12-10（b）所示，以反映爆堆坡面的真实形状。

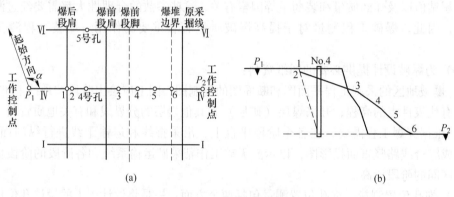

图 12-10　爆破验收测量

当电铲采掘完后，结合采剥验收测量，可确定实际的采剥位置，精确计算爆破区间的采出量，将其和预计的采剥位置和爆破量相比较，可以检验爆破工作的效果。

12.3　露天矿排土场测量

12.3.1　排土场测量的主要任务

排土场测量是指在露天矿基建和生产时期对排土场所进行的测量工作。其主要任务为：

（1）在露天矿基建和改建时期，为设计排土场提供图纸资料。根据设计确定的排土场高度和面积，计算排土场的接收能力。根据最终境界，计算和划分各类排土场的面积和范围。实地标定排土场境界，埋设永久境界标桩。

（2）测绘境界内的地形图，并附必要的计算与说明资料。

（3）在露天矿生产过程中，为了及时了解排土场情况，以便有计划地安排各阶段剥离岩土的排弃位置，需要对排土场进行定期测量。测量一般要求在每年的 6 月末或 12 月末进行，每次可只测量这一段时间内有变动的阶段和构筑物。

（4）对贫矿储存阶段应进行定期的验方测量，计算出储存量并登入专用台账。

（5）对排土场杂煤区，除需要进行正常的测量外，当用实验法计算损失率时，还应及时在斜坡和平盘上标定出固定采样小槽或采样点位置，并画在测量图上，作为计算损失煤量和损失率的图纸资料。

（6）进行排土场下沉和变形的观测工作。

12.3.2 排土场排弃面积计算和境界标定

12.3.2.1 排土场排弃面积的计算

根据地质勘探和技术设计资料，首先计算出全部露天矿的岩土剥离体积，然后乘以松散系数，换算成松散剥离体积。如果露天矿设有内部排土场，则应根据规定的排土高度和采空区区间，计算内部排土场的接收能力。在全部岩土剥离体积中减去可在内部排土场排弃的数量，就求得了外部排土场应排弃的岩土体积。再按照已经确定的排土高度，即可求出外部排土场的面积：

$$S = k \frac{V}{h} \tag{12-10}$$

式中　k——根据排土场地形条件所考虑的系数；

　　　V——应在外部排土场排弃的岩土松方体积；

　　　h——排土场的设计排土高度。

外部排土场的面积，再加上运输通路和必要的安全距离所增加的面积，即为排土场的总面积。

另外还应将露天矿贫矿松方体积和混杂煤的估算松方体积（内剥离量）所需要占用的排土场面积计算出来，加到外排土场的总面积内。

年度排土面积，可根据年度剥离计划产量和设计排弃进度按上述方法计算。但应分别求出每一阶段的排弃面积和年度境界，以便使排土工作能按设计有计划地进行。

12.3.2.2 排土场境界的标定

排土场境界标定的方法和要求如下：

（1）以三四等三角（边）网、点或一二级小三角点以及同级导线点，作为标定最终境界转折点的控制基础。

（2）按照露天Ⅱ级工作控制的精度要求，对境界转折点进行定位测量，并埋设永久标石。

（3）在境界线上，每隔100m左右埋设一个永久地界标石。临时境界可设临时地界标桩。

（4）转折点标石埋设并稳固后，应按露天Ⅰ级工作控制和Ⅱ级高程测量的精度要求，重新与露天矿基本控制网（点）连测，求出各转折点的坐标和高程，作为排土场的Ⅰ级工作控制。

（5）转折点之间的百米地界标定，可按照露天Ⅱ级工作控制和Ⅱ级高程点高程测量的精度要求，用经纬仪光电测距导线法或其他方法，测出其平面坐标和高程，作为排土场的

Ⅱ级工作控制。

（6）年度进度境界，可采用极坐标法标定。

12.3.3　排土场测图

排土场境界内开始排土前的初期地形测量与普通地形测量方法和要求相同。但必须配合实地调查编制必要的统计和说明资料，包括：排土场范围内的各种耕地面积；房屋、树木、坟地数量；输电、通信线杆的根数；公路、铁路长度等以供有关单位使用。

排土场开始使用后的测量工作与采剥场测量方法相同。但考虑到排土场测量次数少，时间比较集中，因此在加密Ⅱ级工作点时，可根据境界外基本控制点或排土场Ⅰ级控制点，布设小三角网（锁）和附合导线，或用全站仪测设支导线。在碎部测量时，可采用全站仪（光电测距仪）采集特征点信息，电子手簿记录（或微型计算机记录），数据输入计算机后进行数据和图形处理；绘图仪输出成图，或者利用全站仪和便携机相结合，野外通过电子平板编辑修改后，室内绘图仪输出成图。不具备数字测图条件的单位，也可采用经纬仪测记法、经纬仪配合小平板法成图。排土场测图的碎部点，应是所测对象的特征点。排土场测图的主要对象为：排土阶段的坡顶线和坡底线，排土场内的运输线路、采样地点、排水设施、地类界与境界以及排土场下沉观测点的位置。

12.3.4　排土场下沉观测

排弃在排土场上的松方岩土，将随着堆置的时间而逐渐压实。结果就使排土场排土平盘发生了下沉和变形，从而将影响排土线和自翻车的作业安全。为了掌握这种下沉和变形的规律性，给排土场生产线路维修提供资料，需要建立排土平盘观测站并进行定期的观测工作。

观测站布置成方格网形，每个排土带一般至少设3排观测点。然后对格网的所有角点进行平面、水准测量。点的平面位置可用导线测量法、全站仪极坐标法或垂距法测定，点的高程可用几何水准法测定。根据测量成果可求出点的下沉曲线和下沉速度曲线图。

12.4　露天矿边坡稳定性观测

12.4.1　概述

矿山未开采时，地下的岩体保持着自然的应力平衡状态。随着矿山的采掘（剥），这种应力平衡状态便遭到破坏，引起岩体的变形和移动。在露天矿开采过程中，要形成很多台阶，这些台阶随着采剥工程的进展而逐渐接近采掘终了边界。当台阶边坡的坡度超过一定限度时，边坡岩体的稳定条件就不复存在，便会产生边坡滑移动。

为了研究露天矿边坡的移动和稳定问题，应建立专门观测站，定期进行边坡滑移动观测，以便总结出不同的工程地质、水文地质和采矿条件下边坡移动的规律。边坡移动规律主要包括下列内容：（1）边坡岩体上不同点在空间的移动及其过程；（2）滑落体的大小、形状和滑落方向；（3）滑动面的形状、大小、倾角和位置；（4）边坡岩体移动对采剥工程、边坡上各种建筑物、构筑物的危害程度。

12.4.2 边坡观测站

（1）边坡观测站的设计。在建站之前，要编制观测站设计。观测站设计包括设计平面图、沿观测线剖面图和设计说明书，选择建站地点时，要考虑对本矿边坡移动有代表性，观测方便和经济合理性。具体的设计原则是：

1）边坡观测站一般由多条观测线组成，如图 12-11 所示。观测线的数目，要根据地质、采矿条件和观测目的来确定。观测线应沿预计的最大移动值方向和大致垂直于露天矿边坡走向布设，并设在稳定性差、存在薄弱岩层等各种因素的地段。

2）每条观测线均应有控制点和观测点。控制点应设于稳定地区，一般设在坑外、且至第一阶段肩的距离大于 H（H 为预计滑动范围的垂直高度）的地方。控制点至少要设 2 个，其间距应大于 20m，观测点则应设在预计要滑动或已经滑动的边坡上。在每个阶段上，至少应在段肩和段脚附近各设一个点。

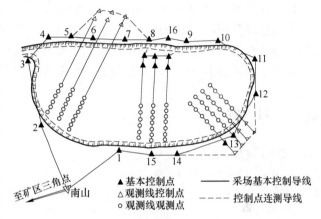

图 12-11　边坡观测站设计示意图

（2）边坡观测站的建立。根据观测站设计，以采场基本控制点为基础，用光电测距导线或极坐标法，将观测站标定于实地。标桩埋好后，在标桩旁设立标记，以便于观测时寻找。

在设观测站的同时，应设立水准基点。露天矿基本高程控制点可作为水准基点。

12.4.3 边坡观测工作

（1）连测。在预测站全部测点埋设 10～15 天后，即可进行观测工作。首先，在观测线控制点与露天矿基本控制点之间进行连测。平面连测，可用一级光电测距导线；高程连测，可用四等水准或相当于四等水准的光电测距三角高程。观测线控制点连测后，需测出所有其他测点的平面坐标和高程，此项工作应进行两次，如两次测量结果的导线闭合差均符合露天矿 I 级经纬仪导线的精度要求，高程闭合差均不大于 $\pm 35mm\sqrt{L}$ 时，取其平均值作为原始数据。

（2）正常观测。在边坡滑移动延续的各个时期内，应进行的观测内容如下：

1）预测。预测的目的是发现边坡何时开始移动。预测工作根据季节和观测线的具体情况，每隔 7～30 天进行一次高程测量。当观测点下沉超过 30mm 时，即认为移动期已开始。

2）移动期观测。移动期观测一般每隔 1～2 个月进行一次，在移动速度快、变形大的情况下，应缩短观测的时间间隔，以便全面了解移动的过程。移动期内的每次观测，均应进行平面测量、高程测量、裂缝测量（包括裂缝的位置、宽度、长度和深度）等。

3）滑坡后测量。滑坡后测量包括能够找到的观测点的平面测量、高程测量及滑落体的碎部测量。

12.4.4　边坡观测资料的整理和分析

　　每次观测工作结束后，应及时检查外业手簿、计算所有观测点的高程、计算相邻点间的水平距离在观测线方向上的投影长度、计算测点的下沉 ω 和下沉速度 v、测点的水平移动 u 和点间的水平变形 ε、测点在垂直面内的移动向量 W、测点在平面上的移动向量 U、空间的移动向量 U_ω 和坐标方位角 α。

　　资料整理分析后，还应绘制观测区域地形图、观测线地质剖面图、观测线垂直下沉曲线图、观测点水平移动与水平变形曲线图、观测点在垂直面内的移动向量图等图件。

　　观测资料的整理分析与图纸绘制方法与开采沉陷资料处理要求相同，此处不再赘述。

习　题

12-1　露天矿测量的主要任务是什么？

12-2　露天矿山控制测量建立的意义和方法是什么？

12-3　我国一些露天矿为何采用后方交会法建立 Ⅱ 级工作控制网？对 Ⅱ 级工作控制点有何要求？

参 考 文 献

[1] GB 50026—2007, 工程测量规范 [S]. 北京：中国计划出版社, 2008.

[2] 宁津生. 测绘学概论 [M]. 武汉：武汉大学出版社, 2008.

[3] 冯大福. 矿山测量 [M]. 武汉：武汉大学出版社, 2012.

[4] 高井祥. 矿山测量新技术 [M]. 北京：中国矿业大学出版社, 2007.

[5] 覃辉. 土木工程测量 [M]. 上海：同济大学出版社, 2008.

[6] 陈步尚. 矿山测量技术 [M]. 北京：冶金工业出版社, 2009.

[7] 林玉祥. 控制测量技术 [M]. 北京：测绘出版社, 2013.

[8] 郑秀梅. 土木工程测量 [M]. 北京：机械工业出版社, 2015.

[9] 陈社杰. 测量与矿山测量 [M]. 北京：冶金工业出版社, 2007.

[10] 郭玉社. 矿井测量与矿图 [M]. 北京：化学工业出版社, 2007.